Beiträge zur Spannungs- und Dehnungsanalyse

VI

SCHRIFTENREIHE
DER INSTITUTE FÜR MATHEMATIK

BEI DER DEUTSCHEN AKADEMIE DER WISSENSCHAFTEN
ZU BERLIN

Herausgeber: Heinrich Grell, Josef Naas, Hans Reichardt,
Willi Rinow, Erhard Schmidt †, Kurt Schröder, Hans-Jürgen Treder

REIHE B

ANGEWANDTE MATHEMATIK UND MECHANIK

HEFT 10

BEITRÄGE ZUR
SPANNUNGS- UND DEHNUNGSANALYSE
VI

AKADEMIE-VERLAG · BERLIN
1970

BEITRÄGE ZUR SPANNUNGS- UND DEHNUNGSANALYSE

VI

Herausgegeben von

Prof. Dr. KURT SCHRÖDER

Bearbeitet von

Dr. GOTTHARD HABERLAND

Dr. VOLKHARD REIMANN und Dr. JOACHIM TRÄGER

Abteilung Spannungsoptik des Instituts für Angewandte Mathematik und Mechanik

Mit 129 Abbildungen, 3 Tabellen

AKADEMIE-VERLAG · BERLIN

1970

Institut für Angewandte Mathematik und Mechanik, 108 Berlin, Mohrenstraße 39
Erschienen im Akademie-Verlag GmbH, 108 Berlin, Leipziger Straße 3—4

Lizenznummer: 202 . 100/401/70
Gesamtherstellung: VEB Druckerei „Thomas Müntzer", 582 Bad Langensalza
Bestellnummer: 2069/B/10 . ES 18 B 5, 20 C 6

INHALTSVERZEICHNIS

Anwendung der Verfahren der Spannungsoptik bei der Untersuchung von auf Torsion beanspruchten Kastenträgern mit Wandausschnitten

J. Ebert

1. Verfahren zur Ermittlung der Spannungen in tordierten Kastenträgern

Auf Torsion beanspruchte dünnwandige Kastenträger mit konstantem Querschnitt, bei denen eine freie Verschiebbarkeit der Punkte der Endquerschnitte in Längsrichtung des Kastens nicht behindert wird, können mit hinreichender Genauigkeit nach Bredt [1] berechnet werden.

Eine größere Genauigkeit ergibt sich, wenn das belastende Moment in zwei Anteile aufgespalten wird, den Bredtschen und den St.-Vénant-Anteil. Der St.-Vénant-Anteil nimmt mit Verringerung der Wandstärke schnell ab.

Ist die freie Verformung der Endquerschnitte behindert, so treten noch Normalspannungen in Längsrichtung auf. Die Spannungen und Deformationen lassen sich aus der Lösung einer inhomogenen linearen Differentialgleichung 2. Ordnung mit konstanten Koeffizienten für die Drillung berechnen.

Häufig sind auf Torsion beanspruchte Kästen mit Ausschnitten in der Mantelfläche zu dimensionieren. Die Ausschnitte verursachen zusätzliche Spannungen, die nicht elementar berechnet werden können. Alle auf der Elastizitätstheorie beruhenden Berechnungsverfahren sind mit einem sehr hohen Rechenaufwand verbunden [2 bis 5].

Es fehlte daher nicht an Bemühungen, die Spannungen experimentell zu ermitteln. Die bekannt gewordenen Versuchsergebnisse wurden an wenigen, ganz speziellen Modellen gewonnen [4 bis 7].

Im folgenden soll nun gezeigt werden, daß die ebene Spannungsoptik mit dem Schubspannungsdifferenzenverfahren oder der elektrischen Potentialanalogie bei der Analyse der Spannungsverteilung in tordierten Kastenträgern verwendet werden kann.

2. Die Anwendung der Spannungsoptik

2.1. Versuchsaufbau

Liegt eine aus spannungsoptischem Material gefertigte Mantelfläche eines tordierten dünnwandigen Kastens ohne Ausschnitte und ohne Behinderung der Verwölbung der Endquerschnitte im Strahlengang von polarisiertem Licht, dann erfahren die mit der Richtung der Hauptspannung zusammenfallenden Komponenten des Lichtvektors eine gegenseitige Phasenverschiebung, die der sich aus der 1. Bredtschen Formel ergebenden Schubspannung τ_{xz} proportional ist. Die Schubspannungen aus dem St.-Vénant-Anteil liefern keinen Beitrag, da sie symmetrisch zur Mittelebene der Mantelfläche verteilt sind.

Die durch Ausschnitte in der Mantelfläche und durch eine Wölbbehinderung der Endquerschnitte verursachte Änderung der Spannungsverteilung ist in Dickenrichtung der Mantelfläche konstant.

Die in Abb. 1 gezeigte Anordnung eines auf Torsion beanspruchten Kastenmodelles aus spannungsoptischem Material im Strahlengang einer spannungsoptischen Anlage ist geeignet, Isochromaten und Isoklinen in einer der vier Seitenflächen zu ermitteln.

Zur Hellfeldaufnahme wird der Analysator um 90° gedreht. Zur Aufnahme der Isoklinen werden die beiden $\lambda/4$-Platten aus dem Strahlengang herausgenommen.

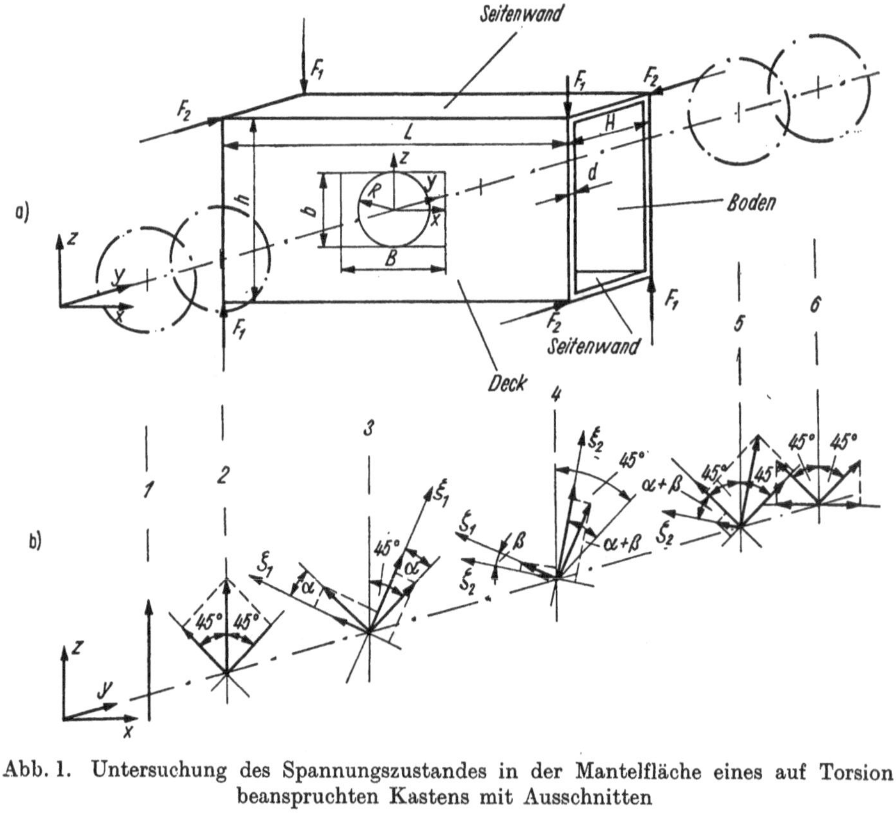

Abb. 1. Untersuchung des Spannungszustandes in der Mantelfläche eines auf Torsion beanspruchten Kastens mit Ausschnitten

a) Anordnung des Kastens im Strahlengang der spannungsoptischen Anlage.
b) Aufspaltung des Lichtvektors in seine Komponenten ohne Berücksichtigung der Phasenverschiebung.

Es bedeuten: 1 Polarisator, 2 $\lambda/4$-Platte, 3 erste Kastenfläche, 4 zweite Kastenfläche, 5 $\lambda/4$-Platte, 6 Analysator,

H, L, h, d	Hauptabmessungen des Kastens,
B, b, R, r	Abmessungen der Ausschnitte,
F_i	Kraftrichtung und Kraftlinien der das Moment erzeugenden Kräfte,
$\alpha, (\alpha + \beta)$	Hauptspannungsrichtung in der ersten und der zweiten Kastenfläche.

2.2. Berechnung der Intensität des Lichtes hinter dem Analysator

Der aus dem Polarisator austretende linear polarisierte Lichtvektor kann beschrieben werden durch

$$I_z = A \cdot \sin \omega t \, .$$

Nach Durchlaufen aller im Bild dargestellten Filter und Modellkörper ergibt sich der Lichtvektor für das Dunkelfeld zu

$$I_x = A \cdot \left\{ \begin{array}{l} \cos(\alpha+\beta) \cdot \cos\beta \cdot \sin\pi(\delta_1+\delta_2) \cdot \cos(\alpha+\omega t) \\ +\cos(\alpha+\beta) \cdot \sin\beta \cdot \sin\pi(\delta_1-\delta_2) \cdot \sin(\alpha+\omega t) \\ -\sin(\alpha+\beta) \cdot \cos\beta \cdot \sin\pi(\delta_1+\delta_2) \cdot \sin(\alpha+\omega t) \\ +\sin(\alpha+\beta) \cdot \sin\beta \cdot \sin\pi(\delta_1-\delta_2) \cdot \cos(\alpha+\omega t) \end{array} \right\} \quad (1\,\mathrm{a})$$

und für das Hellfeld zu

$$I_x = A \cdot \left\{ \begin{array}{l} \cos(\alpha+\beta) \cdot \cos\beta \cdot \cos\pi(\delta_1+\delta_2) \cdot \sin(\alpha+\omega t) \\ +\cos(\alpha+\beta) \cdot \sin\beta \cdot \cos\pi(\delta_1-\delta_2) \cdot \cos(\alpha+\omega t) \\ -\sin(\alpha+\beta) \cdot \cos\beta \cdot \cos\pi(\delta_1+\delta_2) \cdot \cos(\alpha+\omega t) \\ +\sin(\alpha+\beta) \cdot \sin\beta \cdot \cos\pi(\delta_1-\delta_2) \cdot \sin(\alpha+\omega t) \end{array} \right\}. \quad (1\,\mathrm{b})$$

Nach einigen Umformungen folgt aus (1a) und (1b):

$$I_x = A \cdot [\sin\pi\delta_1 \cdot \cos\pi\delta_2 \cdot \cos\omega t + \cos\pi\delta_1 \cdot \sin\pi\delta_2 \cdot \cos(2\beta+\omega t)] \quad \text{für das Dunkelfeld}, \quad (1\,\mathrm{c})$$

$$I_x = A \cdot [\cos\pi\delta_1 \cdot \cos\pi\delta_2 \cdot \sin\omega t - \sin\pi\delta_1 \cdot \sin\pi\delta_2 \cdot \sin(-2\beta+\omega t)] \quad \text{für das Hellfeld}. \quad (1\,\mathrm{d})$$

Hierin ist δ_i die Phasenverschiebung zwischen den mit den Hauptspannungsrichtungen zusammenfallenden Komponenten des Lichtvektors nach dem Durchdringen einer Kastenfläche.

Im allgemeinen Fall, für den Gleichung (1) gilt, kann nicht angegeben werden, für welche δ die Intensität ein Minimum wird. Wird aber die am Modell besonders interessierende Fläche aus spannungsoptisch hoch empfindlichem Material (Materialkonstanten siehe 4.1) und die ihr gegenüberliegende Fläche aus spannungsoptisch wenig empfindlichem Material hergestellt, so ergeben sich Spezialfälle, die eine einfache und eindeutige Bestimmung der Isochromatenordnung zulassen.

Bei der Analyse der Spannungsverteilungen in den Flächen eines Modelles nach Abb. 1 treten folgende spezielle Fälle auf:

1. Untersuchung einer Kastenfläche eines Modelles ohne Ausschnitte und ohne Behinderung der Verwölbung der Endquerschnitte des Kastens: Es ist $\alpha = \beta = 0$ und es sei $\delta_1 \ll \delta_2$ oder $\delta_2 \ll \delta_1$, dann folgt aus (1)

$$\left. \begin{array}{ll} I_x^2 = A^2 \cdot \sin^2\pi(\delta_1+\delta_2) & \text{für Dunkelfeld}, \\ I_x^2 = A^2 \cdot \cos^2\pi(\delta_1+\delta_2) & \text{für Hellfeld}. \end{array} \right\} \quad (2)$$

Im folgenden werden die Gleichungen für das Hellfeld nicht mehr mit angegeben. Sie sind aus Gleichung (1b) oder (1d) zu ermitteln und führen zu ebenso eindeutigen Gleichungen wie die für das Dunkelfeld.

2a) Untersuchung einer Seitenwand (siehe Abb. 1) eines Modelles, in dessen Deck Ausschnitte angebracht sind und dessen Endquerschnitte sowohl wölbbehindert als auch wölbunbehindert gelagert werden können.

b) Untersuchung des Decks (siehe Abb. 1) eines Modelles, dessen Deck und Boden gleiche zu den Achsen x und z symmetrische Ausschnitte aufweisen und dessen Endquerschnitte sowohl wölbbehindert als auch wölbunbehindert gelagert sein können.

Es ist $\alpha = \alpha$ und $\beta = -90°$ und es sei $\delta_1 \ll \delta_2$ oder $\delta_2 \ll \delta_1$, dann folgt aus (1)

$$I_x^2 = A^2 \cdot \sin^2 \pi \cdot (\delta_2 - \delta_1) \,. \tag{3}$$

3. Untersuchung des Decks eines Modelles, dessen Deck Ausschnitte aufweist und dessen Endquerschnitte wölbunbehindert gelagert sind. Je nach der Lage des Modelles im Strahlengang ergibt sich:

die Reihenfolge a) Boden—Deck oder b) Deck—Boden.

a) Es ist $\alpha = 0$ und es sei $\delta_1 \ll \delta_2$

b) Es ist $\beta = -\alpha$ und es sei $\delta_2 \ll \delta_1$,

dann folgt für a) und b)

$$I_x^2 = A^2 (\sin^2 \pi\, \delta_1 \cdot \cos^2 \pi\, \delta_2 + \sin^2 \pi\, \delta_2 \cdot \cos^2 \pi\, \delta_1 + 2 \cdot \sin \pi\, \delta_2 \cdot \cos \pi\, \delta_1 \cdot \sin \pi\, \delta_1 \cdot \cos \pi\, \delta_2 \cdot \cos 2\,\beta) \,. \tag{4}$$

4. Untersuchung des Bodens eines Modelles, dessen Deck Ausschnitte aufweist und dessen Endquerschnitte wölbunbehindert gelagert sind. Je nach Lage des Modelles im Strahlengang ergibt sich:

a) Es ist $\alpha = 0$ und $\delta_1 \sim \delta_2$.

b) Es ist $\beta = -\alpha$ und $\delta_1 \sim \delta_2$.

Für die Intensität ergibt sich Gleichung (4). Die Phasenverschiebung, die beim Durchgang durch das spannungsoptisch wenig empfindliche Material entsteht (d. h. in diesem Fall das Deck), ist wegen der Spannungserhöhung in der Umgebung des Ausschnittes nicht mehr zu vernachlässigen. Die Isochromaten im Boden können daher mit dieser Methode nur in bestimmten Bereichen ermittelt werden.

Die Bestimmung der Ordnung der Isochromaten erfolgt nach den in der Spannungsoptik üblichen Verfahren. Die Genauigkeit der ermittelten Ordnung ist abhängig von dem Verhältnis δ_1/δ_2 an der betreffenden Stelle. Dieses Verhältnis ist bei gleicher Dicke der beiden durchstrahlten Modellflächen abhängig von dem Verhältnis der spannungsoptischen Konstanten der verwendeten Werkstoffe und von dem Verhältnis der Schubspannung in den beiden Modellflächen an der entsprechenden Stelle.

Eine Berechnung der Intensität des hinter dem Analysator zu beobachtenden Lichtes ohne die $\lambda/4$-Platten im Strahlengang führt auf die Gleichung

$$I_{\xi_2} = (\alpha, \beta) \,. \tag{6}$$

Die Isoklinen können nur mit Hilfe eines Innenpolarisators (s. S. 12) bestimmt werden.

3. Anwendung der Bohrlochmethode

Die bisherigen Überlegungen zeigen, daß sowohl die Isochromaten als auch die Isoklinen in den Kastenflächen ausgewertet werden können. Nur in bestimmten Bereichen des Bodens ist eine Auswertung nicht möglich.

Untersuchungen über die Eignung der Bohrlochmethode in der Spannungsoptik [8] haben ergeben, daß die Hauptspannungen und ihre Richtungen mit hinreichender Genauigkeit aus der am Bohrloch auftretenden Isochromatenordnung und aus der Richtung der Symmetrieachsen des Isochromatenbildes punktweise ermittelt werden können, wenn ein Spannungsfeld mit geringem Spannungsgradienten vorliegt (vgl. Abb. 5 und Abb. 4c). Gebiete mit geringem Gradienten sind die Teile der Decks und der Seitenwände, die vom Ausschnitt weit entfernt liegen, und der Boden.

Durch die Wahl von sehr kleinen Bohrlochdurchmessern und geringen Bohrlochabständen [8] können feldweise mit der gleichen Methode die Hauptspannungsrichtungen bestimmt werden. Dies ist besonders in Gebieten zu empfehlen, in denen sich die Hauptspannungsrichtung wenig ändert und die Auswertung des Isoklinenbildes nach Gleichung (6) zu fehlerbehafteten Werten führt.

4. Experimentelle Ergebnisse

4.1. Modellherstellung und Modellabmessungen

Die Modelle wurden aus EG1- und Piacrylplatten angefertigt. Die Kastenwände wurden an den Kanten mit dem Kleber Kallocryl K 2 stumpf verklebt.

Die Modellwerkstoffe haben folgende elastische (E, μ) und spannungsoptische (S) Konstanten:

Epoxidharz EG1	Piacryl
$E = 3{,}18 \cdot 10^4$ [kp/cm²]	$E = 3{,}12 \cdot 10^4$ [kp/cm²]
$\mu = 0{,}35$	$\mu = 0{,}368$
$S = 11{,}5$ [kp/(cm · Ordnung)]	$S = -200$ [kp/(cm · Ordnung)] .

Die Abmessungen der Modelle und die Formen der Ausschnitte sind aus Abb. 2 zu ersehen.

4.2. Belastungsvorrichtung

Durch die Art der Belastung darf die Verwölbung der Endquerschnitte nicht behindert werden. Die Kräfte (siehe Abb. 1) wurden in Richtung der Wände des Kastens eingeleitet, um zu verhindern, daß die Wände auf Biegung beansprucht werden. Das Einkleben von Endschotten verhindert eine Durchbiegung der Wände infolge der Krafteinleitung völlig, führt aber zu einer geringen Behinderung der Verwölbung der Endquerschnitte.

Der Einfluß der Krafteinleitung auf das Isochromatenbild ist für einen Kasten ohne Ausschnitte und ohne Wölbbehinderung an den Endquerschnitten in Abb. 5 dargestellt. Er ist nach einer Entfernung von der Größe der Kastenbreite bereits abgeklungen. Das Einkleben von Endschotten verringert diese Entfernung.

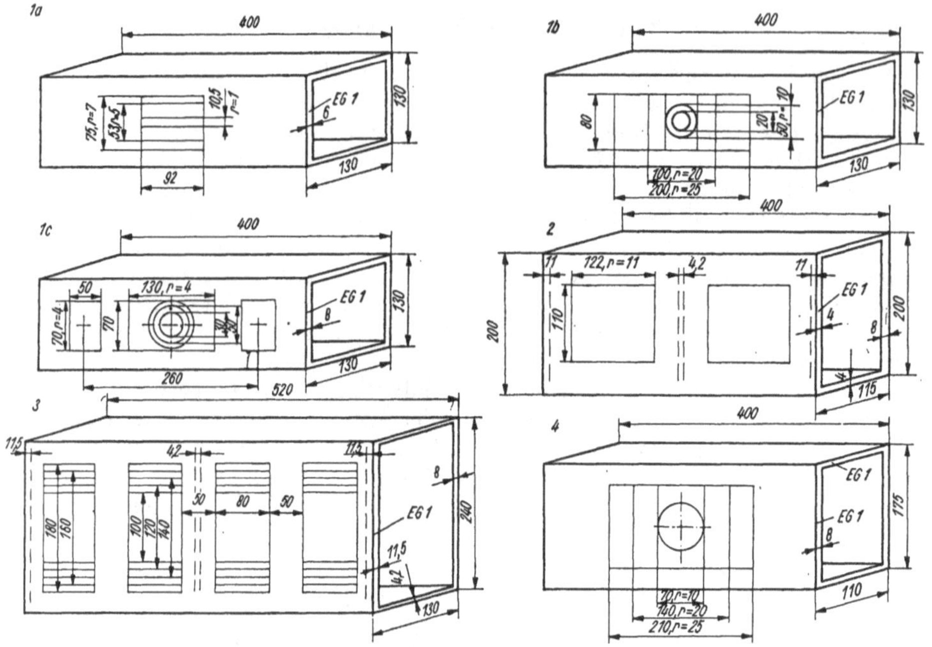

Abb. 2. Abmessungen der untersuchten Modelle, r = Radius der Eckausrundungen. In den Modellen 2 und 3 sind Zwischen- und Endschotte aus Piacryl angeordnet. Ihre Lage und Dicke sind angedeutet

4.3. Untersuchung von Kästen mit einem Ausschnitt

An einem Kasten ohne Ausschnitt und ohne Behinderung der Verwölbung der Endquerschnitte können die Spannungen nach folgenden Methoden bestimmt werden:

a) Berechnung der Spannungen mit den Formeln nach BREDT,
b) Bestimmung der Spannungen durch Auszählen der Isochromaten an einem Modell mit dem Strahlengang nach Abb. 1,
c) Bestimmung der Spannungen durch Auszählen der Isochromaten an einem Modell unter Verwendung eines Innenpolarisators (der Innenpolarisator ist zwischen den beiden Kastenflächen, d. h. zwischen 3 und 4 in Abb. 1, im Strahlengang angeordnet),
d) Bestimmung der Spannungen mit Hilfe der Bohrlochmethode.

In der Tabelle 1 sind die an einem Modell nach den verschiedenen Methoden gewonnenen Ergebnisse zusammengestellt.

Tabelle 1. Am Modell 2 nach verschiedenen Methoden ermittelte Schubspannungen

Modell	Belastung [kp · cm]	Schubspannungen τ_{xz} [kp/cm²] berechnet nach Methode a)	b)	c)	d)	
2	2640	10,8	10,7	10,1	11,1	10,8

Werden die Ausschnitte im Deck der Modelle symmetrisch zu den Achsen x und z angeordnet, rufen sie Spannungen hervor, die zu diesen Achsen antimetrisch verteilt sind (siehe Abb. 4a). Die Ausschnitte stören den reinen Schubspannungszustand im Deck und in den Seitenwänden, an den Ecken der Ausschnitte treten erhebliche Spannungserhöhungen auf. Den Verlauf der Spannungserhöhung am Rande eines Ausschnittes zeigt Abb. 3 für verschiedene Ausschnittbreiten [10]. Die Spannungserhöhung $\varkappa$ ist definiert als Quotient aus der Spannung am Rand des Ausschnittes und der am Kasten ohne Ausschnitte bei gleicher Belastung ermittelten Schubspannung $\tau_t = \sigma_1$.

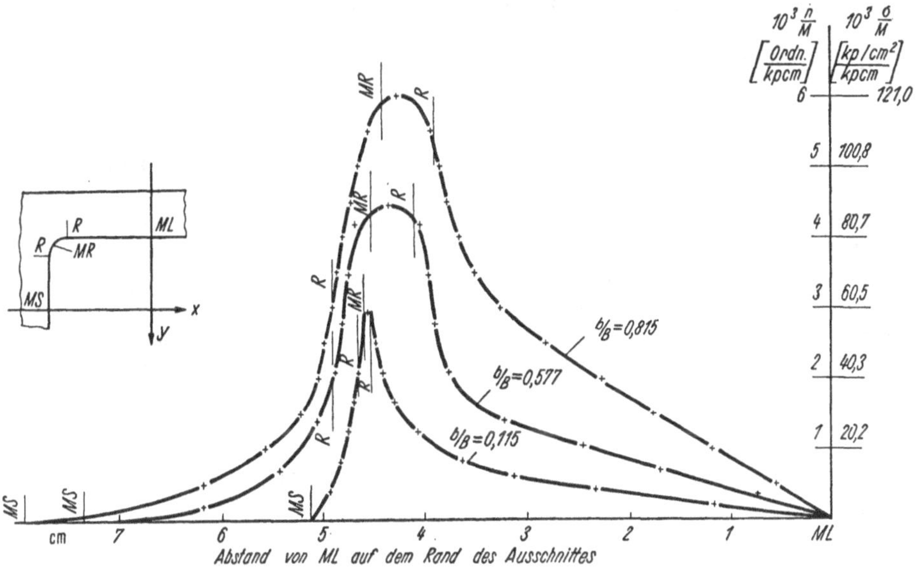

Abb. 3. Einheitsspannungen über dem Lukenrand bei Modell 1a für drei Ausschnittbreiten

Es bedeuten:

ML Mitte Ausschnitt, längsseits, *MS* Mitte Ausschnitt, querseits, *MR* Mitte Radius, r = Radius der Eckausrundung, $r \cong 0{,}1\, b$, $B = 0{,}25\, L$. Die Auftragung erfolgte für eine Ecke (s. Skizze)

Das Isochromatenbild des Decks eines Kastens mit einem langen Ausschnitt zeigt Abb. 4a. Das Maximum der Randspannungen ist von der Mitte der Ausrundung in Richtung der Langseite verschoben, s. auch Abb. 3. An kleinen Kreisausschnitten (vgl. Abb. 2 Modell 1c) wurde eine Verschiebung des Maximums der Randspannung zu Winkeln $\varphi < 45°$ und bei großen Ausschnitten zu Winkeln $\varphi > 45°$ gemessen.

Die Spannungserhöhung in den Ecken der Ausschnitte nimmt bei konstant gehaltener Lukenlänge und -breite zu, wenn der Radius der Eckausrundung verringert wird. Dies ist um so mehr der Fall, wenn der Radius der Eckausrundung eines breiten Ausschnittes verringert wird. Den Einfluß eines Ausschnittes im Deck auf die Isochromaten in der Seitenwand zeigt Abb. 6 . Ein

Ausschnitt im Deck hat auf den Isochromatenverlauf im Boden nur geringen Einfluß.

Das Isochromatenbild des Decks (Abb. 4b) wurde aufgenommen bei einer Behinderung der Verwölbung der Endquerschnitte des Kastens. Die Wölbbehinderung wurde hervorgerufen durch zwei Stahlplatten von 32 mm Dicke, die als Endschotte angeklebt waren. Die maximale Spannung am Rand des Ausschnittes sinkt dadurch auf die Hälfte des Wertes bei dem Modell ohne Wölbbehinderung (vgl. Abb. 4a) ab.

Ordnet man einen zu den Achsen x und z symmetrischen Rechteckausschnitt so in der Mantelfläche an, daß einmal $B > b$ und zum anderen $B < b$ ist, so treten die größeren Spannungen in den Ecken auf, wenn $b > B$ ist. Die Isochromaten (Hellfeldaufnahme) im Deck mit einem breiten Ausschnitt zeigt Abb. 4c.

4.4. Untersuchung von Kästen mit mehreren Ausschnitten im Deck

An dem Modell 3 wurde der in Abb. 7a wiedergegebene Isochromatenverlauf aufgenommen. Das in der Mitte des Kastens angeordnete Schott stört den Isochromatenverlauf im Deck nicht. Die am Modell 1c ermittelten Isochromaten im Deck sind in Abb. 7b zu sehen.

Die Beanspruchung des Decks ist vergleichbar mit der Beanspruchung eines auf Schub belasteten Rahmens. Das Isochromatenbild in den Querfeldern des Decks entspricht dem eines Trägers, der an seinen Enden durch Querkräfte und Momente belastet ist. Die Längsfelder des Decks zeigen ein ähnliches Bild, nur ist die neutrale Faser sehr stark zum Rand hin verschoben. In den Ecken treten erhebliche Spannungserhöhungen auf. Der Ort mit der maximalen Spannung ist zur Langseite des Ausschnittes hin verschoben, die Spannungserhöhung nimmt mit der Verringerung des Eckradius zu. Dies gilt besonders für Ecken, deren Abstand von der Seitenwand gering ist.

Eine optimale Formgebung mit geringen Spannungen kann durch eine systematische Variation der Eckradien, der Anordnung der Ausschnittsgruppen und des Längen—Breitenverhältnisses der einzelnen Ausschnitte bei einer konstanten Gesamtausschnittsfläche durch spannungsoptische Untersuchungen gefunden werden. Die Schubsteifigkeit des Decks kann durch eine Änderung der Dicke nur des Decks variiert werden.

Die Auswertung des Isoklinenbildes ergab, daß die Hauptspannungstrajektorien mit einem Winkel von 45° in den Rand $z = \pm h/2$ einlaufen.

4.5. Anwendung der elektrischen Potentialanalogie zur vollständigen Auswertung des Spannungszustandes

Oft ist es notwendig, nicht nur die maximalen Spannungen, sondern auch den gesamten Spannungsverlauf im Modell zu ermitteln. Zu der Hauptspannungsdifferenz (Isochromaten) und der Hauptspannungsrichtung wird dann noch eine dritte Größe benötigt. Im vorliegenden Fall wurden das Schubspannungsdifferenzenverfahren und die elektrische Potentialanalogie herangezogen.

Das Schubspannungsdifferenzenverfahren erfordert die Kenntnis sehr genauer Anfangswerte. Die Isochromaten am Rand des Ausschnittes sind trotz auftretender Randeffekte mit guter Genauigkeit zu bestimmen. Die exakte Bestimmung der Isoklinen bereitet hier jedoch wegen der Randeffekte Schwierigkeiten. Die nach dem Schubspannungsdifferenzenverfahren gewonnenen Werte können also mit recht erheblichen Fehlern behaftet sein. Die Genauigkeit kann allerdings verbessert werden durch Anwendung der Bohrlochmethode oder durch Verwendung von spannungsoptisch gering empfindlichem Material bei der Ermittlung der Isoklinen (vgl. Gleichung (6)).

Die durch die elektrische Potentialanalogie [9] gewonnenen Werte für die Hauptspannungssumme sind nur von den Isochromatenwerten am Rand des Ausschnittes abhängig. An den Rändern $x = \pm$ const der zu untersuchenden Kastenfläche ist in einiger Entfernung vom Ausschnitt bei Kästen ohne Behinderung der Verwölbung der Endquerschnitte ein reiner Schubspannungszustand ermittelt worden, dem bei einer Behinderung der Verwölbung der Endquerschnitte eine Normalspannungsverteilung überlagert werden muß. An den Rändern $z = \pm h/2$ der Kastenfläche wird bei einem Kasten ohne Ausschnitte eine über den Rand konstante Schubspannung eingeleitet. Nach Anbringen von Ausschnitten ändert sich die Verteilung der Schubspannung entlang dem Rande im Bereich des Ausschnittes. Dies hat auf die Größe der Spannungssumme keinen Einfluß. Eine versuchsweise durchgeführte Änderung der der Spannungssumme analogen elektrischen Spannung an zwei Punkten auf dem Rand $z = \pm h/2$ im Bereich des Ausschnittes um 10% des Gesamtpotentials zeigte nur geringe Verschiebungen der Äquipotentiallinien im Bereich zwischen Ausschnitt und dem Rand $z = \pm h/2$. Der Verlauf der Isopachen wird also im wesentlichen durch die Größe der Spannungssumme am Rande des Ausschnittes bestimmt. Darum ist die elektrische Analogie zur Ermittlung der dritten Größe geeignet.

5. Zusammenfassung

Es wurde gezeigt, daß die Spannungsoptik zur Untersuchung des Spannungszustandes in der Mantelfläche von tordierten Kästen mit Ausschnitten und wölbunbehinderter und wölbbehinderter Lagerung der Endquerschnitte geeignet ist. Das Isochromatenbild und die Isoklinen lassen wichtige Schlüsse auf die Art der Beanspruchung der einzelnen Bereiche des Kastens zu. Die Spannungsmaxima in den Ecken der Ausschnitte können bestimmt werden. Durch die Anwendung der Bohrlochmethode läßt sich der Spannungszustand an diskreten Punkten ermitteln. Das Schubspannungsdifferenzenverfahren ist bei der vollständigen Auswertung des Spannungszustandes anwendbar. Bei den untersuchten Modellen, die mit geringen Eigenspannungen behaftet waren, führte die Methode zu erheblichen Fehlern. Die elektrische Potentialanalogie ist zur vollständigen Auswertung des Spannungszustandes besser geeignet.

Dipl.-Ing. Jost Ebert,
Universität Rostock,
Sektion Schiffstechnik,
Fachbereich Mechanik fester Körper
(Direktor: Prof. Dr. phil. H. Motzfeld)

Literatur

[1] Szabó, I., Höhere Technische Mechanik. Springer-Verlag, Berlin/Göttingen/Heidelberg 1960.
[2] Schulz, H.-G., Torsion von Schiffen mit großen Decksausschnitten. Schiffstechnki 8, Heft 40 (1961) 1–24.
[3] Klott, J., u. a., Studia wsterne z dziedziny skrecania kadluba okretu na fali skośnej. Rozprawy Inżynierskie XXXIV, 419–500.
[4] Rören, E. M. Q., Torsional Response of a Hull with Wide Hatches. Det Norske Veritas, Research Department, Report Nr. 67–5–S.
[5] de Wilde, G., Structural Problems in Ships with Large Hatch Openings. Internat. Shipbuilding Progr. 14, Nr. 149 u. 150 (1967).
[6] Schnadel, G., Torsionsversuche. Jahrbuch der Schiffbautechnischen Gesellschaft 27 (1933) 275–301.
[7] Bailey, J. P., Effect of Size of Hatches on Torsional Strength and Rigidity. Journal of Ship Research 2, March 1959, 30–35.
[8] Franke, E., Anwendung des Bohrlochverfahrens in der Spannungsoptik. Großer Beleg am Institut für Festigkeitslehre der Technischen Fakultät der Universität Rostock (unveröffentl.).
[9] Reissmann, Chr., Kietzer, K., Beispiele für die Anwendung des elektrischen Potentialgleichnisses zur Bestimmung des ebenen Spannungszustandes. Die Bautechnik, Heft 5 (1964) 155–160.
[10] Silge, F., Spannungsoptische Versuche an tordierten Kastenträgern. Diplomarbeit am Institut für Festigkeitslehre der Technischen Fakultät der Universität Rostock (unveröffentl.). 1967.

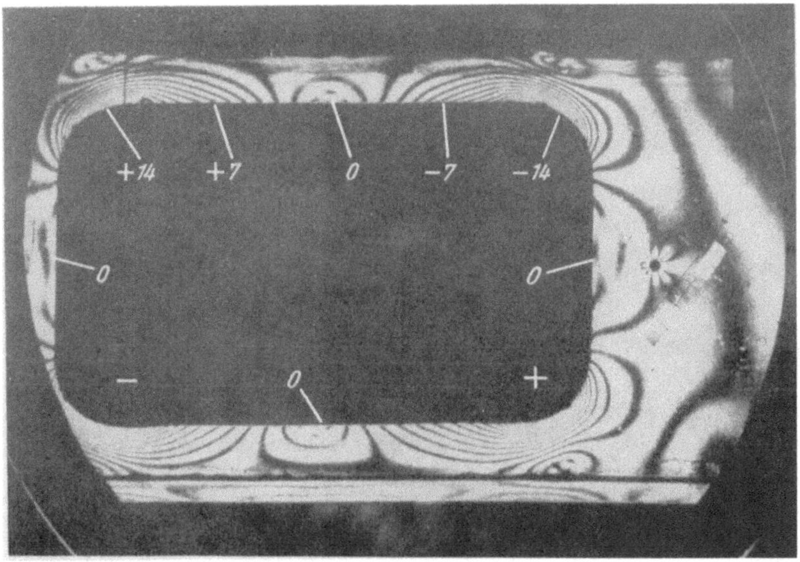

Abb. 4a. Isochromaten im Deck von Modell 4, wölbunbehindert
Belastung: $M = 1850$ [kp · cm], $B = 210$ [mm], $r = 25$ [mm]

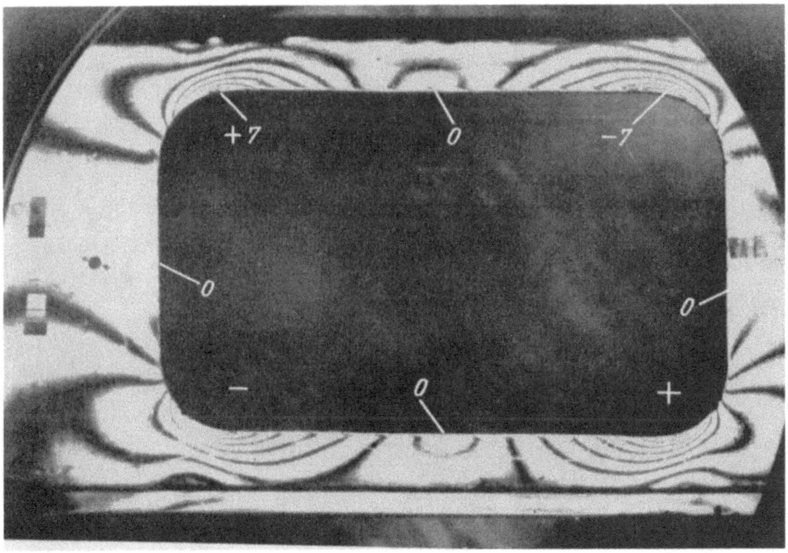

Abb. 4b. Isochromaten im Deck von Modell 4, wölbbehindert durch ein Endschott aus Stahl
Belastung: $M = 2000$ [kp · cm], $B = 210$ [mm], $r = 25$ [mm]

Abb. 4c. Isochromaten im Deck von Modell 1b (Hellfeldaufnahme)
Belastung: $M = 2560$ [kp · cm], $B = 50$ [mm], $r = 10$ [mm]

Abb. 6. Isochromaten in der Seitenwand des Modelles 4, wölbunbehindert
Belastung: $M = 2450$ [kp · cm], $B = 140$ [mm], $r = 20$ [mm]

Abb. 5. Isochromaten in einer Kastenfläche des Modelles 1b, ohne Ausschnitte im Deck, wölbunbehindert

Belastung: $M = 3600$ [kp · cm], $R = B = b = 0$ [mm]

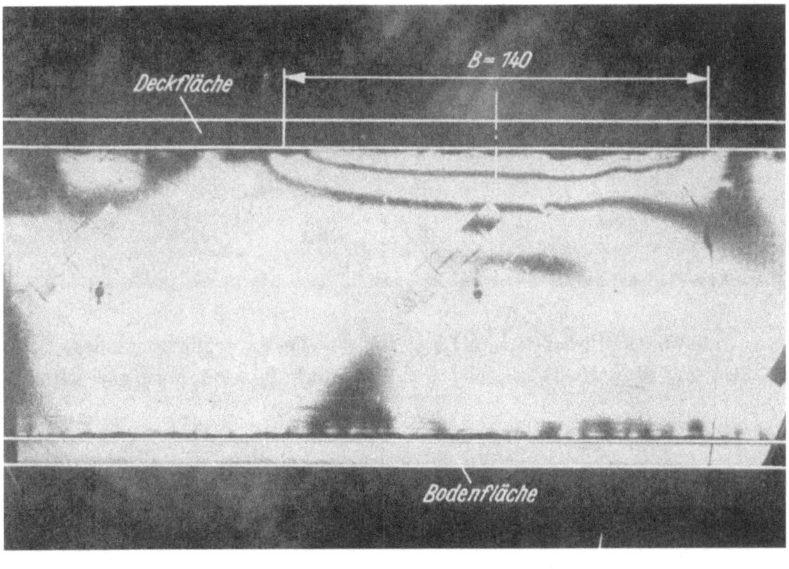

Abb. 7a. Isochromaten im Deck des Modelles 3, wölbunbehindert, (Hellfeldaufnahme)
Belastung: $M = 2560$ [kp · cm], $b = 180$ [mm], $r_1 = 12$ [mm], $r_2 = 6$ [mm]

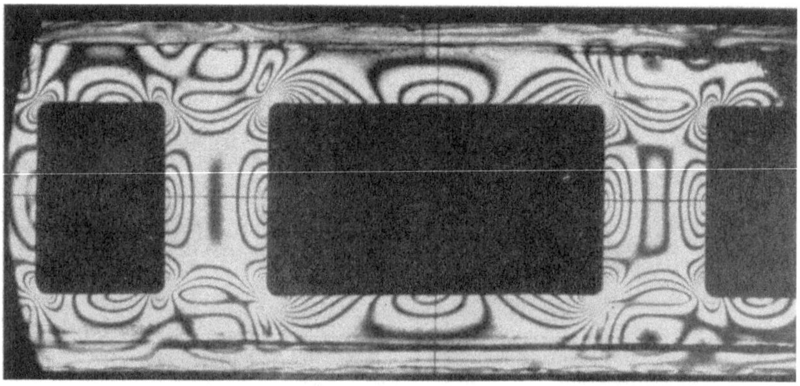

Abb. 7b. Isochromaten im Deck des Modelles 1c, wölbunbehindert
Belastung: $M = 2000$ [kp · cm], $B = 130$ [mm], $B_1 = 50$ [mm], $r = 4$ [mm]

Beschreibung einer kombinierten spannungsoptischen Apparatur

R. Hennicke

Die Anwendung spannungsoptischer Meßmethoden und Auswerteverfahren zur Lösung der verschiedensten wissenschaftlich-technischen Beanspruchungsprobleme ist in den letzten Jahren ständig im Steigen begriffen. Diese Tatsache bewirkt, daß fast alle Institutionen des In- und Auslandes, die derartige Aufgaben zu lösen haben, auf Grund gewonnener Erfahrungen vorhandene Meßanlagen vervollkommnen bzw. den Neubau solcher Anlagen durchführen.

Die hier beschriebene Meßeinrichtung wurde im Institut für Angewandte Mathematik und Mechanik der Deutschen Akademie der Wissenschaften zu Berlin entwickelt und hergestellt.

Die Anlage (Abb. 1 zeigt das Gesamtschema) gestattet die diffuse bzw. projizierte Modellbetrachtung und setzt sich aus drei komplexen Elementen zusammen.

Das Grundgerät (Abb. 2) trägt den gesamten Filter-, Lichtquellen- und Linsenaufbau einschließlich des elektrischen Schaltteils. Der Filterabstand ist auf ca. 800 mm festgelegt. Die Modellbühne wurde unterhalb der Filter sehr weit ausgeschnitten, um vielseitige Experimentalaufbauten zu ermöglichen. Für die verschiedenen Modellausführungen werden aus gelochten Stahlschienen passende Belastungsrahmen nach dem Baukastenprinzip hergestellt (Abb. 3). Ein mittig unter der Modellbühne angebrachter Entlastungsfuß gestattet die Auflage schwerer Aufbauten. Der Antrieb der Filteranordnungen erfolgt über Kettentriebe, welche durch Spannrollen schlupffrei gehalten werden. Dieser kraftschlüssige Antrieb gewährleistet exakt die Synchronisation beim Drehen der Filterkombinationen. Die nutzbare Filteröffnung bei diffuser Betrachtung ist trotz der entstehenden Schlüssellochwirkung dank der relativ großen Filterdurchmesser (420 mm) ausreichend.

Polarisationsfilter und Viertelwellenplatten sind unabhängig voneinander drehbar sowie rastbar, so daß die gebräuchlichen Filterkombinationen mühelos einzustellen und die Kompensationsmethoden nach Tardy und Sénarmont anwendbar sind. Verwendung fand Filtermaterial Type Polaroid, 0,8 mm dick, selbsttragend.

Die Anordnung zweier Querschlitten ermöglicht es, daß der Lichtkasten mit wahlweise Natrium- oder weißem Licht in einer Schlittenstellung hinter dem Polarisator zu stehen kommt. Bei gegenteiliger Stellung der Querschlitten gelangen die Linse 1 und die Linse 2 in den Strahlengang der fest auf dem Tisch montierten Quecksilberhöchstdrucklampe in Raststellung. Der Lampensockel (Abb. 4), welcher in drei Koordinaten verstellbar ist, wird wahlweise mit einer

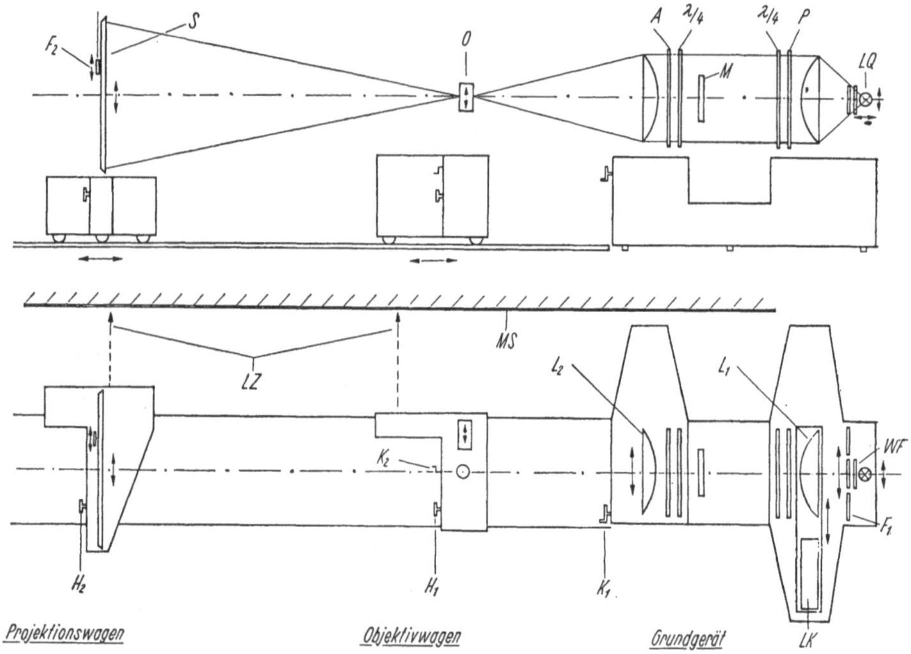

Abb. 1. Gesamtschema der spannungsoptischen Anlage

Grundgerät

LQ Punktförmige Lichtquelle, *P* Polarisator, λ/λ 4/4 Platte, *A* Analysator, L_1 Linse 1, L_2 Linse 2, *M* Modell, *WF* Wärmeschutzfilter, F_1 Farbfilter im Wechselschieberahmen, *LK* Lichtkasten für weißes Licht und Natriumlicht, K_1 Antriebskurbel der Polarisationsfilter

Objektivwagen

O Objektiv (Apo-Tessar 9/900), K_2 Kurbel zur Stativbetätigung, H_1 Handrad zur Arretierung des Objektivwagens an beliebigen Stellen des Schienenweges

Projektionswagen

S Projektionsschirm, F_2 Farbfilter (546 nm), H_2 Handrad zur Arretierung des Projektionswagens an beliebigen Stellen des Schienenweges, *LZ* Lichtzeiger zur Markierung der jeweiligen Wagenstellung, *MS* Maßskale zur reproduzierbaren Einstellung des gewünschten Vergrößerungsmaßstabs

Lampe HBO 200 bzw. 500 bestückt. An den Lampengehäusen befindet sich je eine Irisblende, um die richtige Ausleuchtung der Kondensorlinse (L_1) vornehmen zu können. Weiterhin ist auf der Abb. 4 ein Einschubteil sichtbar, in welchem sämtliche elektrischen Schaltteile untergebracht sind.

Zwischen der punktförmigen Lichtquelle und der Linse 1 befindet sich ständig ein Wärmeschutzfilter BG 19, während ein dem Kondensor zugewandter Wechselschieberahmen den Einsatz dreier Farbfilter (Monochromatfilter des VEB Jenaer Glaswerk Schott & Gen.) zur Ausfilterung der Hg-Linien 436, 546 und

578 nm ermöglicht. Die verwendeten Plankonvexlinsen sind nicht korrigiert und haben folgende Abmessungen:

Linse 1 (Kondensorlinse)	$f =$	500 mm,
	$\varnothing =$	400 mm,
Linse 2	$f =$	1300 mm,
	$\varnothing =$	400 mm.

Der optische Strahlengang, wie auf Abb. 1 ersichtlich, entspricht im wesentlichen dem des von der Technischen Hochschule München entwickelten Polariskops, jedoch ohne Umlenkspiegel, so daß an dieser Stelle auf eine nähere Beschreibung verzichtet werden kann [1].

In Fortsetzung des Grundgerätes verlaufen zwei im Fußboden eingelassene Winkelstahlschienen von ca. 6 m Länge, welche die Führung des Objektiv- und des Projektionswagens gewährleisten. Auch auf dem Objektivwagen (Abb. 5) ist ein Querschlitten montiert, welcher in der Höhe und seitlich verstellbar eine Wechseloptik trägt. Dabei kommt meist das Apo-Tessar 9/900 zur Anwendung.

Für fotografische Aufnahmen durch dieses Objektiv ist dicht hinter der Objektivöffnung der Schlitzverschluß einer Studio-Plattenkamera 18 × 24 cm angebracht. Bei derartigen Aufnahmen befindet sich das fotografische Aufnahmematerial an der Vorderseite des Projektionsschirms. Ein leicht aufsteckbarer Blendschirm (ca. 700 × 700 mm) beseitigt das durch die Filter tretende restliche Nebenlicht (Abb. 6). Der Objektiv-Querschlitten ist auf einer Prismenführung seitlich aus dem Strahlengang schiebbar angeordnet, wodurch ein mittig aus der Tischplatte kurbel- und schwenkbarer Stativkopf den Einsatz einer Kleinbild- bzw. Plattenkamera gestattet (Abb. 7).

Der Projektionswagen (Abb. 8) trägt einen Mattglasschirm von der Größe 800 × 800 mm. Dieser Schirm ist vertikal und horizontal um ±20 mm verschiebbar, was auf Grund der — wie bereits erwähnt — nicht korrigierten Linsen in den Randgebieten eine ausreichende Korrektur erlaubt. Ein weiteres Farbfilter für eine Wellenlänge von 546 nm, welches durch eine Rollenführung an jede gewünschte Stelle der Modellabbildung gebracht werden kann, gewährleistet dem Betrachter einen schnellen Vergleich zwischen dem spannungsoptischen Bild im monochromatischen und im weißen Licht.

Die erforderliche Nachzeichnung des Isoklinen- und Isochromatenverlaufs wird durch eine in der Höhe verstellbare Armauflage, welche hinter dem Projektionsschirm angeordnet ist, erleichtert. An der Vorderseite der Mattglasscheibe befindet sich eine ebenfalls verstellbare Klemmvorrichtung zur Aufnahme von Fotoplatten bzw. Dokumentenpapier.

Zur Vermeidung schädlicher Lichtreflexe bei derartigen Fotoarbeiten ist an der Zimmerdecke über dem Grundgerät — nur die Polarisatoröffnung freilassend — ein schwarzer Tuchvorhang angebracht.

Durch die räumlichen Gegebenheiten und die daraus resultierende maximale Schienenlänge sind Schirmbildvergrößerungen bis zum Maßstab 6:1 möglich.

Beide Wagen lassen sich in jeder beliebigen Stellung arretieren. Weiterhin sind sie mit einem eingebauten Lichtzeiger ausgerüstet, welcher mittels Umlenkspiegel auf einer an der Raumwand angebrachten Skale den augenblicklichen Stand bzw. den gewünschten Vergrößerungsmaßstab reproduzierbar anzeigt. Die hierzu benötigte Spannung (6 Volt) wird über Schleifkontakte von den Schienen abgegriffen.

Die ständig wechselnde Aufgabenstellung in einem Forschungslaboratorium erfordert natürlich die laufende Verbesserung und Vervollkommnung der Meßanlage. Deshalb ist unter anderem vorgesehen, eine fahrbare Belastungsbrücke, Belastungshebel sowie andere Zusatzeinrichtungen, die durch kommende Aufgaben erforderlich werden, herzustellen.

Eine der wichtigsten dieser baulichen Erweiterungen ist eine Filter-Fernbedienung mit einer getrennt arbeitenden Filterstellungs-Fernanzeige, welche im Augenblick kurz vor ihrer Vollendung steht. Ein am Projektionswagen angebrachter Ausleger trägt drei Schleifkontakte, welche von einer an der Raumwand installierten Cu-Schleifleitung 24 Volt Wechselspannung abgreifen. Diese Spannung ist vom Grundgerät wie auch vom Projektionswagen aus mittels Stößeltastern schaltbar. Über Relais und Schaltschütze setzt ein kleiner Drehstrommotor die filterkombinationen wahlweise nach rechts oder links in Bewegung. Die Fernanzeige der jeweiligen Filterstellung erfolgt über Drehmelder. Der Geber befindet sich am Analysator und der Empfänger mit 360°-Anzeigeskale am Projektionswagen.

ROLF HENNICKE,
Deutsche Akademie der Wissenschaften zu Berlin,
Institut für Angewandte
Mathematik und Mechanik

Literatur

[1] MÖNCH, E. und FICKER, E., Ein Polariskop von großem Gesichtsfeld für die Spannungsoptik mit einigen technischen Neuerungen. Forsch. Ing.-Wes. **23**, Heft 1/2 (1957) 61–64.

Abb. 2. Grundgerät mit Filter-, Lampen- und Linsenaufbau sowie der Modellbühne

Abb. 3. Aus gelochten Stahlschienen aufgebauter Belastungsrahmen
für ein spannungsoptisches Modell

Abb. 4. Beleuchtungsteil der Apparatur

Abb. 5. Objektivwagen mit Projektionsobjektiv Apo-Tessar 9/900

Abb. 6. Objektivwagen mit Blendschirm

Abb. 7. Objektivwagen mit montierter Plattenkamera.
Das Projektionsobjektiv ist seitlich aus dem Strahlengang geschoben

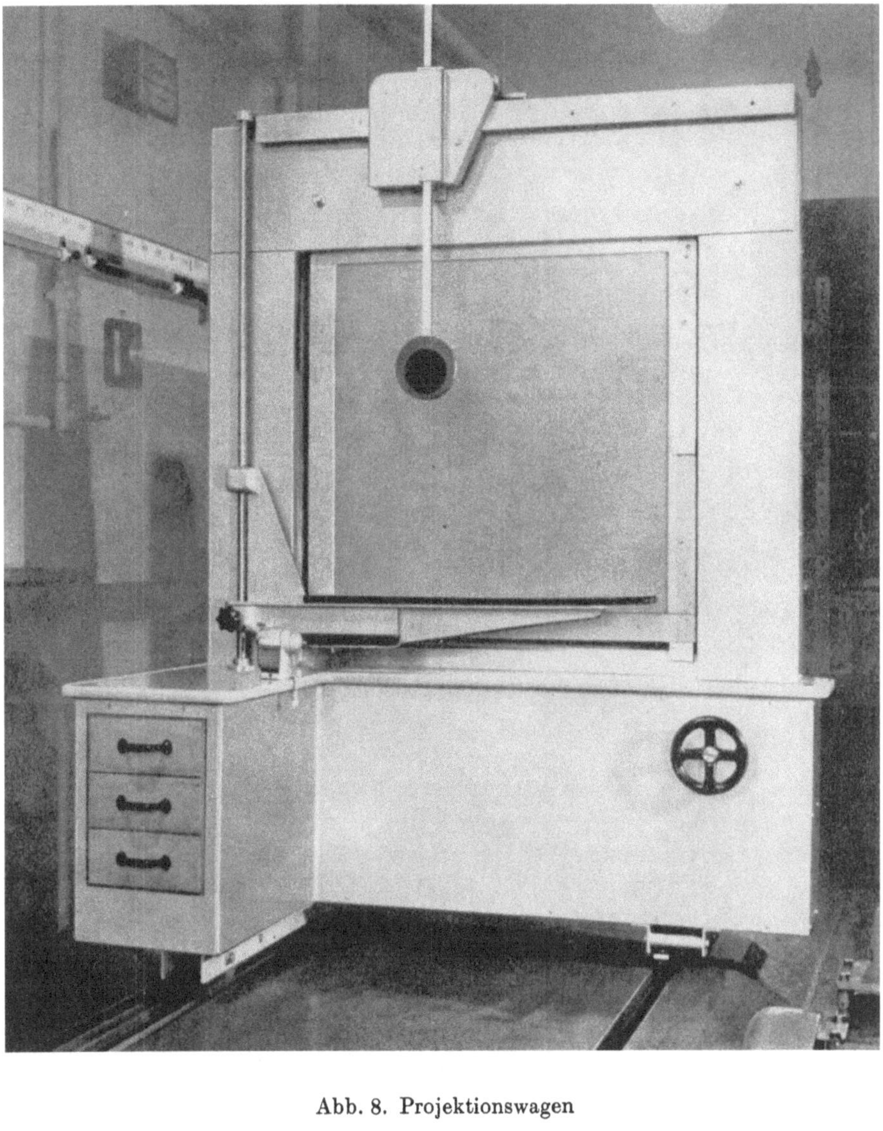

Abb. 8. Projektionswagen

Über Eigenspannungen im diskontinuierlich inhomogenen Festkörper I. Konzentrische Lage der Teilgebiete

K. Herrmann

Zusammenfassung

Es wird ein durch eine Diskontinuitätsfläche unterteilter zylindrischer Festkörper isotropen linear-elastischen, aber inhomogenen Materials betrachtet, in dem ein durch eine vorgegebene Inkompatibilitätsverteilung induzierter Eigenspannungszustand herrscht. Die ebenfalls zylindrische Diskontinuitätsfläche Γ_1 trennt dabei den inhomogenen Festkörper in zwei konzentrisch zueinander gelegene Teilgebiete homogenen isotropen Materials, und zwar so, daß längs Γ_1 für den Spannungs- und Verschiebungszustand die Grenzflächenbedingungen des „rigid contact“ gültig sind. Bei Beachtung gewisser Voraussetzungen läßt sich nun das vorliegende Eigenspannungsproblem als ebener Verzerrungszustand behandeln. Hierbei können dann sowohl die gesuchte Airysche Fläche $F(x, y)$ als auch der zugehörige Spannungs- und Verschiebungszustand in geschlossener Form angegeben werden. Zudem wird noch die in einer Scheibe von der Höhe der Einheitslänge enthaltene Eigenspannungsenergie berechnet und deren Abhängigkeit von der Größe der Diskontinuitätsfläche Γ_1 untersucht.

Summary

The cylindrical solid from isotropic linear-elastic but inhomogeneous material is considered, in which exists a self-equilibrating state of stress induced by a distribution of incompatibilities. Thereby the inhomogeneous solid is subdivided in two concentric regions from homogeneous isotropic material by the likewise cylindrical discontinuity surface Γ_1. Further the stress- and displacement state along the interface Γ_1 shall satisfy the interfacial conditions of the "rigid contact". By considering of certain assumptions the present self-stress problem can be treated as plane strain state. Thereby as well the desired Airy-surface $F(x, y)$ as also the corresponding stress- and displacement state can be given in closed form. Moreover the self-stress energy is calculated, which is contained in a disk from the height of the unity length. Besides the dependence of the self-stress energy from the dimensions of the discontinuity surface Γ_1 is investigated.

Bezeichnungen

E_ι Elastizitätsmodul des Materials der beiden Teilgebiete Ω_ι ($\iota = \mathrm{I}, \mathrm{II}$)

G_ι Schubmodul

ν_ι	Poissonsches Querkontraktionsverhältnis
$\varkappa_\iota$	linearer Wärmeausdehnungskoeffizient
T_ι	Temperatur der beiden Teilgebiete Ω_ι bezüglich der Umgebungstemperatur T_u
σ	Spannungstensor
$\mathfrak{u}$	Verschiebungsvektor
$\mathfrak{n}_\iota$	Außennormale
k	Einheitsvektor in z-Richtung
α^Q	Quasiversetzungsdichtetensor
η	symmetrischer Inkompatibilitätstensor
ε	inkompatibler Deformationstensor
$\varkappa T \boldsymbol{I}$	Tensor der inkompatiblen Extradehnungen
$\boldsymbol{I}$	Einheitstensor
$\boldsymbol{e}$	kompatibler Deformationstensor
χ	Spannungsfunktionentensor
$F(x, y)$	Airysche Spannungsfunktion
$\psi_\iota(z), \chi_\iota(z)$	komplexe Potentiale
w	elastische Energiedichte
W	Gesamtenergie

1. Einleitung

Die in der Elastizitätstheorie häufig benutzte Annahme eines homogenen sotropen und linear-elastischen Festkörpers stellt bekanntlich eine weitgehende Idealisierung der tatsächlichen Verhältnisse dar. Es zeigt sich aber wiederum, daß bereits das Abgehen von der Annahme der Homogenität zu im allgemeinen beträchtlichen mathematischen Schwierigkeiten bei der Lösung konkreter Probleme führt. Trotzdem existiert heute schon eine umfangreiche Literatur zu den inhomogenen Problemen der Elastizitätstheorie, die an dieser Stelle jedoch nicht im einzelnen vorgestellt werden soll. Hierfür sei auf die ausführliche Literaturzusammenstellung in [1], [2] und [3] verwiesen. In der nachfolgenden Arbeit soll nun ein Beitrag zu dem obengenannten Problemkreis geliefert werden, wobei ein spezielles Problem der sogenannten verallgemeinerten Elastizitätstheorie behandelt werden soll. Bekanntlich sind in letzterer auch inkompatible Deformationszustände zugelassen, die im elastischen Festkörper die Ausbildung von Eigenspannungen zur Folge haben. Die Eigenspannungen können dabei in mannigfachen Erscheinungsformen auftreten, so z. B. als Gußspannungen, elektro- und magnetostriktive Spannungen und als Wärmespannungen. In der Kristallphysik nehmen sie schon seit längerer Zeit im Zusammenhang mit dem fundamentalen Begriff der Versetzung eine zentrale Stellung ein [4].

2. Problemstellung

Im folgenden soll ein durch Quasiversetzungen verursachter Eigenspannungszustand in einem isotropen linear-elastischen, aber diskontinuierlich inhomogenen Festkörper untersucht werden. Der Festkörper hat die geometrische

Gestalt eines unendlich langen Kreiszylinders, der aus zwei konzentrisch gelegenen Gebieten Ω_ι ($\iota = \mathrm{I, II}$) mit den mechanischen und thermischen Materialkonstanten E_ι, ν_ι, $\varkappa_\iota$ ($\iota = \mathrm{I, II}$) besteht (Abb. 1). Die Materialeigenschaften sollen sich dabei an der Diskontinuitätsfläche Γ_1 diskontinuierlich von den

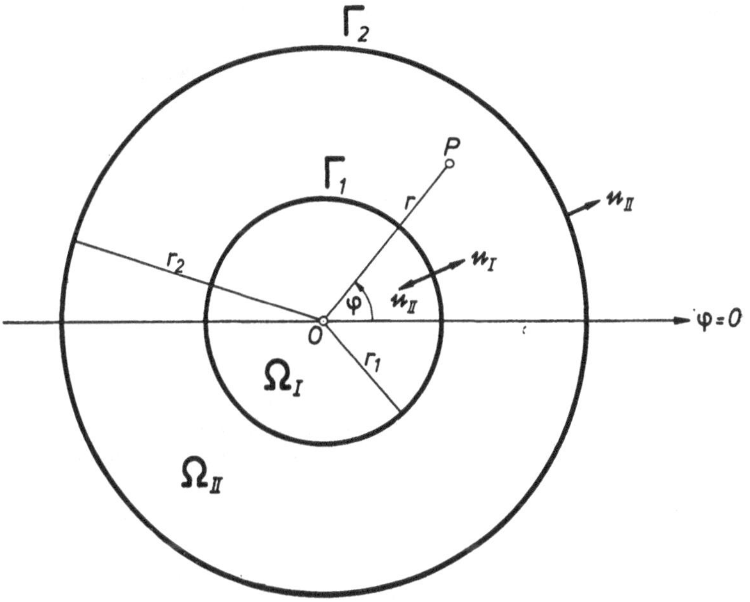

Abb. 1. Zylinderquerschnitt

Werten des Gebietes Ω_{I} auf die Werte des Gebietes Ω_{II} ändern. Der vorgegebene Festkörper, der sich anfänglich auf der Umgebungstemperatur $T_u = 0$ befinde, erleide nun zur Zeit $t = 0$ einen Wärmeschock der Gestalt

$$\tilde{T}(r, \varphi) = \begin{cases} T_{\mathrm{I}} & \text{für } 0 \leqq r < r_1 \\ T_{\mathrm{II}} & \text{für } r_1 < r \leqq r_2 , \end{cases} \tag{2.1}$$

wobei die T_ι ($\iota = \mathrm{I, II}$) mit $T_{\mathrm{I}} \neq T_{\mathrm{II}}$ gebietsweise konstante und von Null verschiedene Temperaturwerte bedeuten.

Der infolge des Wärmeschocks (2.1) im Festkörper entstandene Spannungs- und Verschiebungszustand soll berechnet werden, wobei an der Diskontinuitätsfläche Γ_1 die Erfüllung der Grenzflächenbedingungen des ,,rigid contact" gefordert wird. Bei dem obigen Temperaturspannungsproblem handelt es sich also um ein instationäres und somit um ein dynamisches Problem. Die anschließende Rechnung soll jedoch unter Vernachlässigung der Beschleunigungsglieder in den zugehörigen elastischen Bewegungsgleichungen und somit ,,quasistatisch" durchgeführt werden. Zudem werden noch die nachstehenden Annahmen in die Rechnung eingeführt:

1. Wärmeisolierung des Festkörpers gegenüber seiner Umgebung,
2. Ausschluß eines Wärmeüberganges zwischen den Teilgebieten Ω_ι ($\iota = \mathrm{I, II}$),

3. Temperaturunabhängigkeit der elastischen und thermischen Konstanten $E_\iota, \nu_\iota, \varkappa_\iota$ ($\iota = \mathrm{I, II}$),
4. Spannungsfreiheit der Oberfläche,

Abwesenheit von äußeren Volumenkräften.

Unter den genannten Voraussetzungen läßt sich das vorliegende Eigenspannungsproblem als ebener Verzerrungszustand behandeln, wobei der im inhomogenen Festkörper vorhandene Spannungs- und Verschiebungszustand den folgenden Rand- und Grenzflächenbedingungen zu genügen hat:

$$\sigma_{rr\,\mathrm{II}}(r_2, \varphi) = 0\,, \tag{2.2}$$

$$\sigma_{r\varphi\,\mathrm{II}}(r_2, \varphi) = 0\,, \tag{2.3}$$

$$[\sigma_{rr}(r, \varphi)]_{r=r_1} = 0\,, \tag{2.4}$$

$$[\sigma_{r\varphi}(r, \varphi)]_{r=r_1} = 0\,, \tag{2.5}$$

$$[u_r(r, \varphi)]_{r=r_1} = 0\,, \tag{2.6}$$

$$[u_\varphi(r, \varphi)]_{r=r_1} = 0 \tag{2.7}$$

mit der Definition

$$[\omega(r, \varphi)]_{r=r_1} = \omega_{\mathrm{I}}(r_1, \varphi) - \omega_{\mathrm{II}}(r_1, \varphi)\,. \tag{2.8}$$

In der Literatur sind Temperaturspannungsprobleme für den inhomogenen Körper und dabei auch für den Fall des konzentrischen und exzentrischen Kreiszylinders bereits von einigen Autoren [5 bis 9] untersucht worden, allerdings mit von den unsrigen abweichenden Annahmen über die Temperaturverteilungsfunktion und den Inhomogenitätstyp.

Die Zielstellung vorliegender Arbeit ist nun insbesondere physikalischer Natur. Das wird dadurch betont, daß mittels der zur Anwendung gelangenden Lösungsmethode, die auf ein Ergebnis von E. Kröner [4] zurückgreift, neben der Angabe des im vorgegebenen inhomogenen Festkörper vorhandenen vollständigen Spannungszustandes auch noch die explizite Berechnung des Verschiebungszustandes sowie des Ausdruckes für die spezifische Deformationsenergie erfolgt.

3. Formulierung des Randwertproblems für den homogenen Festkörper

Zur Behandlung des oben gestellten Problems aus der Thermoelastostatik inhomogener Medien wird im folgenden auf das bereits erwähnte Ergebnis von E. Kröner Bezug genommen, wonach die in einem vorgegebenen Festkörper infolge ungleichförmiger Erwärmung entstehenden Temperaturspannungen in die Kontinuumstheorie der Versetzungen eingeordnet werden können.

Zunächst werde nun ein unendlich langer Kreiszylinder (Radius $r = r_2$) isotropen homogenen und linear-elastischen Materials betrachtet, auf dessen Querschnitt ein ungleichförmiges Temperaturfeld $T = T(x, y)$ wirke, wobei jedoch die Temperaturverteilungsfunktion vorläufig noch als stetig mit stetigen partiellen Ableitungen bis einschließlich zur zweiten Ordnung vorausgesetzt sei. Das Temperaturfeld erzeugt dann eine Quasiversetzungsdichte

$$\boldsymbol{\alpha}^Q = -\varkappa \bigtriangleup \times (\boldsymbol{I}\,\boldsymbol{T})\,, \tag{3.1}$$

der gemäß[1])

$$\boldsymbol{\eta} = \{\boldsymbol{\alpha}^Q \times \nabla\}^S \tag{3.2}$$

der symmetrische Inkompatibilitätstensor

$$\boldsymbol{\eta} = -\varkappa \nabla \times (T\,\boldsymbol{I}) \times \nabla \tag{3.3}$$

zugeordnet werden kann. Die infolge der Inkompatibilitätsverteilung (3.3) im vorgegebenen Festkörper induzierten Eigenspannungen lassen sich nun mittels der nachstehenden Relationen beschreiben:

$$\boldsymbol{\sigma} = 2\,G\left\{\boldsymbol{\varepsilon} + \frac{\nu}{1-2\nu}\varepsilon_{\mathrm{I}}\,\boldsymbol{I}\right\}, \tag{3.4}$$

$$\nabla \cdot \boldsymbol{\sigma} = 0\,, \tag{3.5}$$

$$\nabla \times \boldsymbol{\varepsilon} \times \nabla = \boldsymbol{\eta}\,, \tag{3.6}$$

$$\mathfrak{n} \cdot \boldsymbol{\sigma} = 0\,. \tag{3.7}$$

Dabei liefert die Summe aus den inkompatiblen Verzerrungen ε_{ij}, denen gemäß dem Hookeschen Gesetz (3.4) die im elastischen Festkörper auftretenden Eigenspannungen zugeordnet sind, und den infolge der ungleichförmigen Temperaturverteilung $T(x, y)$ im Körper vorhandenen inkompatiblen Extradehnungen $\varkappa\,T\,\delta_{ij}$ den vom unverzerrten Anfangszustand aus gerechneten und aus einem stetigen Verschiebungsvektor $\mathfrak{u}$ ableitbaren kompatiblen Deformationszustand

$$\boldsymbol{e} = \boldsymbol{\varepsilon} + \varkappa\,T\,\boldsymbol{I}\,. \tag{3.8}$$

Das vorliegende Temperaturspannungsproblem kann nun unter der Voraussetzung der Wärmeisolierung des Festkörpers gegenüber der Umgebung, der Festsetzung im gesamten Körperquerschnitt konstanter und somit temperaturunabhängiger thermischer Konstante $\varkappa$ und elastischer Konstanten E, ν sowie der Annahme der Spannungsfreiheit der Oberfläche als ebener Deformationszustand behandelt werden, womit das Bestehen der Relationen

$$u_z = 0\,, \tag{3.9}$$

$$\sigma_{xz} = \sigma_{yz} = 0\,, \tag{3.10}$$

$$e_{xz} = e_{yz} = e_{zz} = 0\,, \tag{3.11}$$

$$\sigma_{zz} = -E\,\varkappa\,T + \nu\,(\sigma_{xx} + \sigma_{yy}) \tag{3.12}$$

verbunden ist. Weiterhin ist dann für die folgenden Überlegungen auf Grund des Verschwindens der kompatiblen Verzerrung e_{zz} lediglich noch die Komponente η_{33} des Inkompatibilitätstensors $\boldsymbol{\eta}$ von wesentlicher Bedeutung. Letztere lautet

$$\eta_{33} = -\frac{\partial^2 \varepsilon_{xx}}{\partial y^2} - \frac{\partial^2 \varepsilon_{yy}}{\partial x^2} + 2\,\frac{\partial^2 \varepsilon_{xy}}{\partial x\,\partial y} = \varkappa\,\nabla^2\,T(x, y)\,. \tag{3.13}$$

Nunmehr läßt sich das mittels der Gleichungen (3.4) bis (3.7) beschriebene Eigenspannungsproblem bei Heranziehung der Spannungsfunktionsmethode als Randwertproblem der Bipotentialtheorie formulieren. So kann man zunächst

[1]) S bedeutet „symmetrischer Teil von".

durch den Spannungsfunktionsansatz

$$\boldsymbol{\sigma} = \nabla \times \boldsymbol{\chi} \times \nabla \tag{3.14}$$

mit dem Spannungsfunktionentensor

$$\boldsymbol{\chi} = - F(x, y)\, \mathfrak{k}\mathfrak{k}\,, \tag{3.15}$$

$F(x, y)$ ist dabei die sogenannte Airysche Spannungsfunktion, die Beziehung (3.5) identisch befriedigen. Infolge des Bestehens der erweiterten Kompatibilitätsbedingung (3.13) werden nun der Airyschen Spannungsfunktion $F(x, y)$ noch gewisse Beschränkungen auferlegt. Letztere erhält man, wenn in (3.13) zunächst die inkompatiblen Deformationen ε_{ij} $(i, j = x, y)$ unter Heranziehung von (3.4) durch die ihnen zuordenbaren Eigenspannungen σ_{ij} $(i, j = x, y)$ vermöge der Relation

$$\boldsymbol{\varepsilon} = \frac{1}{2\,G}\left\{\boldsymbol{\sigma} - \frac{\nu}{1+\nu}\,\sigma_{\mathrm{I}}\,\boldsymbol{I}\right\} \tag{3.16}$$

ersetzt und anschließend der Spannungsfunktionsansatz (3.14), (3.15) eingeführt wird. Werden schließlich auch noch die Randbedingungen (3.7) mittels der Airyschen Spannungsfunktion $F(x, y)$ ausgedrückt, so ergibt sich das nachstehende Randwertproblem der Bipotentialtheorie

$$\nabla^4 F(x, y) + \frac{E\,\varkappa}{1-\nu}\,\nabla^2 T(x, y) = 0\,, \tag{3.17}$$

$$\{F(x, y)\}_{r=r_2} = 0\,, \tag{3.18}$$

$$\left\{\frac{\partial F(x, y)}{\partial n}\right\}_{r=r_2} = 0\,. \tag{3.19}$$

Die partielle Differentialgleichung vierter Ordnung (3.17) stellt dabei die bekannte Grundgleichung der Thermoelastizität für die stationären ebenen Probleme dar.

4. Formulierung und Lösung des adäquaten Randwertproblems für den inhomogenen Festkörper

Das unter 2. formulierte Eigenspannungsproblem läßt sich nun unter Heranziehung der abgeleiteten Beziehungen (3.17) bis (3.19) und bei Einführung von ebenen Polarkoordinaten r, φ im Querschnitt des vorgegebenen Festkörpers auf das folgende Randwertproblem der Bipotentialtheorie zurückführen:

$$\nabla^4 \widetilde{F}_\iota(r, \varphi) + \frac{E_\iota\,\varkappa_\iota}{1-\nu_\iota}\,\nabla^2 \widetilde{T}_\iota(r, \varphi) = 0\,; \qquad (\iota = \mathrm{I}, \mathrm{II}) \tag{4.1}$$

$$\widetilde{F}_{\mathrm{II}}(r_2, \varphi) = 0\,, \tag{4.2}$$

$$\left\{\frac{\partial \widetilde{F}_{\mathrm{II}}(r, \varphi)}{\partial r}\right\}_{r=r_2} = 0\,, \tag{4.3}$$

$$[\widetilde{F}(r, \varphi)]_{r=r_1} = 0\,, \tag{4.4}$$

$$\left[\frac{\partial \widetilde{F}(r, \varphi)}{\partial r}\right]_{r=r_1} = 0\,, \tag{4.5}$$

$$\left[\lambda\left\{\frac{\partial^2\widetilde{F}(r,\varphi)}{\partial r^2}-\mu\left(\frac{1}{r^2}\frac{\partial^2\widetilde{F}(r,\varphi)}{\partial\varphi^2}+\frac{1}{r}\frac{\partial\widetilde{F}(r,\varphi)}{\partial r}\right)\right\}+(1+\nu)\,\varkappa\,T\right]_{r=r_1}=0\,, \tag{4.6}$$

$$\left[-\lambda\left\{\frac{\partial^3\widetilde{F}(r,\varphi)}{\partial r^3}+\frac{2+\mu}{r^2}\frac{\partial^3\widetilde{F}(r,\varphi)}{\partial r\,\partial\varphi^2}-\frac{3}{r^3}\frac{\partial^2\widetilde{F}(r,\varphi)}{\partial\varphi^2}-\frac{1-\mu}{r^2}\frac{\partial\widetilde{F}(r,\varphi)}{\partial r}\right\}+\right.$$
$$\left.+\frac{1}{r}(1+\nu)\,\varkappa\,T\right]_{r=r_1}=0\,. \tag{4.7}$$

mit den Definitionen:

$$\lambda_\iota=\frac{1-\nu_\iota^2}{E_\iota}\,,\qquad \mu_\iota=\frac{\nu_\iota}{1-\nu_\iota}\,;\qquad (\iota=\mathrm{I},\mathrm{II})\,. \tag{4.8}$$

Dabei stellen die Beziehungen (4.4) bis (4.7) die in der AIRYschen Spannungsfunktion $\widetilde{F}(r,\varphi)$ ausgedrückten Grenzflächenbedingungen (2.4) bis (2.7) des „rigid contact" dar[1]). Weiterhin ist anhand der Relationen (4.8) zu erkennen, daß die eingeführten Koeffizienten λ_ι, μ_ι, ($\iota=\mathrm{I},\mathrm{II}$), hier nicht die Bedeutung der LAMÉschen Konstanten besitzen.

Die vorgegebene Temperaturverteilung (2.1) erfüllt nun in den beiden Gebieten Ω_ι ($\iota=\mathrm{I},\mathrm{II}$) die LAPLACEsche Differentialgleichung

$$\nabla^2\,\widetilde{T}(r,\varphi)=0\,. \tag{4.9}$$

Das Randwertproblem (4.1) bis (4.7) modifiziert sich daher, wenn noch die vorhandene Radialsymmetrie berücksichtigt wird, in der nachstehenden Weise:

$$\left(\frac{d^2}{dr^2}+\frac{1}{r}\frac{d}{dr}\right)^2\widetilde{F}_\iota(r)=0\,;\qquad(\iota=\mathrm{I},\mathrm{II}) \tag{4.10}$$

$$\widetilde{F}_{\mathrm{II}}(r_2)=0\,, \tag{4.11}$$

$$\left\{\frac{d\widetilde{F}_{\mathrm{II}}(r)}{dr}\right\}_{r=r_2}=0\,, \tag{4.12}$$

$$[\widetilde{F}(r)]_{r=r_1}=0\,, \tag{4.13}$$

$$\left[\frac{d\widetilde{F}(r)}{dr}\right]_{r=r_1}=0\,; \tag{4.14}$$

$$\left[\lambda\left\{\frac{d^2\widetilde{F}(r)}{dr^2}-\frac{\mu}{r}\frac{d\widetilde{F}(r)}{dr}\right\}+(1+\nu)\,\varkappa\,T\right]_{r=r_1}=0\,, \tag{4.15}$$

$$\left[-\lambda\left\{\frac{d^3\widetilde{F}(r)}{dr^3}-\frac{1-\mu}{r^2}\frac{d\widetilde{F}(r)}{dr}\right\}+\frac{1}{r}(1+\nu)\,\varkappa\,T\right]_{r=r_1}=0\,. \tag{4.16}$$

Die allgemeinen Integrale der beiden EULERschen Differentialgleichungen (4.10) besitzen nun die Gestalt

$$\widetilde{F}_\iota(r)=a_\iota+b_\iota\ln r+c_\iota r^2+d_\iota r^2\ln r\,;\qquad(\iota=\mathrm{I},\mathrm{II}) \tag{4.17}$$

[1]) Vgl. [10], S. 106.

In den beiden Gebieten Ω_ι ($\iota = \mathrm{I, II}$) liegt nun nur dann ein eindeutiger Spannungs- und Verschiebungszustand vor, wenn

$$b_{\mathrm{I}} = d_{\mathrm{I}} = d_{\mathrm{II}} = 0 \tag{4.18}$$

gilt. Mit dieser Festsetzung lauten dann die AIRYschen Spannungsfunktionen für die beiden Gebiete Ω_ι ($\iota = \mathrm{I, II}$):

$$\widetilde{F}_{\mathrm{I}}(r) = a_{\mathrm{I}} + c_{\mathrm{I}}\, r^2 , \tag{4.19}$$

$$\widetilde{F}_{\mathrm{II}}(r) = a_{\mathrm{II}} + b_{\mathrm{II}} \ln r + c_{\mathrm{II}}\, r^2 . \tag{4.20}$$

Die in den Formeln (4.19) und (4.20) noch enthaltenen fünf unbestimmten Koeffizienten lassen sich nun unter Heranziehung der Relationen (4.11) bis (4.15) in eindeutiger Weise aus dem nachstehenden Gleichungssystem ermitteln:

$$a_{\mathrm{II}} + b_{\mathrm{II}} \ln r_2 + c_{\mathrm{II}}\, r_2^2 = 0 , \tag{4.21}$$

$$b_{\mathrm{II}}\, r_2^{-1} + 2\, c_{\mathrm{II}}\, r_2 = 0 , \tag{4.22}$$

$$a_{\mathrm{I}} + c_{\mathrm{I}}\, r_1^2 - a_{\mathrm{II}} - b_{\mathrm{II}} \ln r_1 - c_{\mathrm{II}}\, r_1^2 = 0 , \tag{4.23}$$

$$2\, c_{\mathrm{I}}\, r_1 - b_{\mathrm{II}}\, r_1^{-1} - 2\, c_{\mathrm{II}}\, r_1 = 0 , \tag{4.24}$$

$$2\, c_{\mathrm{I}}\, \lambda_{\mathrm{I}} (1 - \mu_{\mathrm{I}}) + b_{\mathrm{II}}\, \lambda_{\mathrm{II}} (1 + \mu_{\mathrm{II}})\, r_1^{-2} - 2\, c_{\mathrm{II}}\, \lambda_{\mathrm{II}} (1 - \mu_{\mathrm{II}}) = - [(1 + \nu)\, \varkappa\, T]_{r = r_1} , \tag{4.25}$$

da bei Beachtung der aus physikalischen Gründen erforderlichen Festsetzung (4.18) die aus den Grenzflächenbedingungen (4.15) und (4.16) folgenden Relationen identisch übereinstimmen. Die Koeffizientendeterminante des Gleichungssystems (4.21) bis (4.25) besitzt nun den Wert

$$D = 4 \left\{ \frac{r_1}{r_2} [\lambda_{\mathrm{I}} (1 - \mu_{\mathrm{I}}) - \lambda_{\mathrm{II}} (1 - \mu_{\mathrm{II}})] - \frac{r_2}{r_1} [\lambda_{\mathrm{I}} (1 - \mu_{\mathrm{I}}) + \lambda_{\mathrm{II}} (1 + \mu_{\mathrm{II}})] \right\} , \tag{4.26}$$

wobei wegen des Bestehens der Ungleichung $0 < \nu_\iota < 0{,}5$; ($\iota = \mathrm{I, II}$) stets $D < 0$ gilt. Somit ergeben sich dann die nachstehenden Ausdrücke für die gesuchten Koeffizienten:

$$a_{\mathrm{I}} = 2\, C\, r_1\, r_2 \ln \frac{r_2}{r_1} , \tag{4.27}$$

$$c_{\mathrm{I}} = C\, \frac{r_1^2 - r_2^2}{r_1\, r_2} , \tag{4.28}$$

$$a_{\mathrm{II}} = C\, r_1\, r_2\, [\ln r_2^2 - 1] , \tag{4.29}$$

$$b_{\mathrm{II}} = - 2\, C\, r_1\, r_2 , \tag{4.30}$$

$$c_{\mathrm{II}} = C\, \frac{r_1}{r_2} \tag{4.31}$$

mit der Definition

$$C = - \frac{2}{D} [(1 + \nu)\, \varkappa\, T]_{r = r_1} . \tag{4.32}$$

Damit besitzt schließlich die Lösung des unter 2. gestellten Eigenspannungsproblems — die AIRYsche Fläche $\widetilde{F}(r)$ für das Gesamtgebiet $\Omega_{\mathrm{I}} \cup \Omega_{\mathrm{II}}$ — die folgende Gestalt

$$\widetilde{F}(r) = \begin{cases} \widetilde{F}_{\mathrm{I}}(r) = C\, r_1\, r_2 \left\{ \ln \left(\frac{r_2}{r_1}\right)^2 + \frac{r_1^2 - r_2^2}{r_1^2 r_2^2}\, r^2 \right\}; & (0 \leqq r \leqq r_1) \quad (4.33) \\ \widetilde{F}_{\mathrm{II}}(r) = C\, r_1\, r_2 \left\{ \ln \left(\frac{r_2}{r}\right)^2 + \left(\frac{r}{r_2}\right)^2 - 1 \right\}; & (r_1 \leqq r \leqq r_2) \quad (4{,}34) \end{cases}$$

Die Formeln (4.33) und (4.34) enthalten dabei das von M. HIEKE[1]) für homogenes Material gewonnene Resultat als Spezialfall.

5. Berechnung des Spannungs- und Verschiebungszustandes

A. Spannungszustand

Die Berechnung der in den beiden Gebieten Ω_ι $(\iota = \mathrm{I, II})$ herrschenden Spannungsfelder soll im folgenden unter Verwendung der komplexen Analysis vorgenommen werden. Berücksichtigt man nämlich die Tatsache, daß sich jede Bipotentialfunktion mittels zweier komplexer Potentiale darstellen läßt, so können die AIRYschen Spannungsfunktionen (4.33) und (4.34) für die Gebiete Ω_ι $(\iota = \mathrm{I, II})$ auch in der Form geschrieben werden:

$$\widetilde{F}_\iota(r) = \mathrm{Re}\,\{\bar{z}\,\psi_\iota(z) + \chi_\iota(z)\}\,; \qquad (\iota = \mathrm{I, II}) \tag{5.1}$$

mit der nachstehenden Bedeutung der komplexen Potentiale $\psi_\iota(z)$, $\chi_\iota(z)$, $(\iota = \mathrm{I, II})$:

$$\psi_{\mathrm{I}}(z) = C\,\frac{r_1^2 - r_2^2}{r_1\, r_2}\, z \tag{5.2}$$

$$(0 \leqq |z| \leqq r_1)$$

$$\chi_{\mathrm{I}}(z) = C\, r_1\, r_2 \ln \left(\frac{r_2}{r_1}\right)^2 \tag{5.3}$$

$$\psi_{\mathrm{II}}(z) = C\,\frac{r_1}{r_2}\, z \tag{5.4}$$

$$(r_1 \leqq |z| \leqq r_2)$$

$$\chi_{\mathrm{II}}(z) = C\, r_1\, r_2 \left[\ln \left(\frac{r_2}{z}\right)^2 - 1\right]. \tag{5.5}$$

Der den Bipotentialfunktionen (5.1) zuordenbare Eigenspannungszustand kann nun unter Heranziehung der komplexen Potentiale (5.2) bis (5.5) auf elegante Weise mittels der Formeln von G. V. KOLOSOV[2]) berechnet werden:

$$\sigma_{rr\iota} = \mathrm{Re}\,\{2\,\psi_\iota'(z) - e^{2i\varphi}\,[\bar{z}\,\psi_\iota''(z) + \chi_\iota''(z)]\}\,, \tag{5.6}$$

$$\sigma_{\varphi\varphi\iota} = \mathrm{Re}\,\{2\,\psi_\iota'(z) + e^{2i\varphi}\,[\bar{z}\,\psi_\iota''(z) + \chi_\iota''(z)]\}\,; \qquad (\iota = \mathrm{I, II}) \tag{5.7}$$

$$\sigma_{r\varphi\iota} = \mathrm{Im}\,\{e^{2i\varphi}\,[\bar{z}\,\psi_\iota''(z) + \chi_\iota''(z)]\}\,. \tag{5.8}$$

---

[1]) Vgl. [11], S. 291.

[2]) Vgl. [12], S. 53.

Bei Benutzung der Beziehungen (5.6) bis (5.8) und unter Berücksichtigung von (3.12) lautet dann der Spannungszustand im Gebiet Ω_{I}:

$$\sigma_{rr\,\mathrm{I}} = 2\,C\,\frac{r_1^2 - r_2^2}{r_1\,r_2}\,, \tag{5.9}$$

$$\sigma_{\varphi\varphi\,\mathrm{I}} = 2\,C\,\frac{r_1^2 - r_2^2}{r_1\,r_2}\,, \tag{5.10}$$

$$\sigma_{r\varphi\,\mathrm{I}} = 0\,, \tag{5.11}$$

$$\sigma_{zz\,\mathrm{I}} = -\,E_{\mathrm{I}}\,\varkappa_{\mathrm{I}}\,T_{\mathrm{I}} + 4\,C\,\nu_{\mathrm{I}}\,\frac{r_1^2 - r_2^2}{r_1\,r_2} \tag{5.12}$$

und im Gebiet Ω_{II}:

$$\sigma_{rr\,\mathrm{II}} = 2\,C\,\frac{r_1}{r_2}\left\{1 - \left(\frac{r_2}{r}\right)^2\right\}, \tag{5.13}$$

$$\sigma_{\varphi\varphi\,\mathrm{II}} = 2\,C\,\frac{r_1}{r_2}\left\{1 + \left(\frac{r_2}{r}\right)^2\right\}, \tag{5.14}$$

$$\sigma_{r\varphi\,\mathrm{II}} = 0\,, \tag{5.15}$$

$$\sigma_{zz\,\mathrm{II}} = -\,E_{\mathrm{II}}\,\varkappa_{\mathrm{II}}\,T_{\mathrm{II}} + 4\,C\,\nu_{\mathrm{II}}\,\frac{r_1}{r_2}\,. \tag{5.16}$$

Durch Nachrechnen bestätigt man leicht, daß die Spannungen $\sigma_{rr\iota}$ und $\sigma_{r\varphi\iota}$ ($\iota = \mathrm{I}, \mathrm{II}$), die Rand- und Grenzflächenbedingungen (2.2) bis (2.5) für jeden Punkt der Mantel- bzw. Diskontinuitätsfläche des vorgegebenen inhomogenen Festkörpers exakt befriedigen. Weiterhin folgen aus den Beziehungen (5.10), (5.12) und (5.14), (5.16) die nachstehenden Sprungrelationen für die Normalspannungen $\sigma_{\varphi\varphi}$ bzw. σ_{zz} beim Durchgang durch die Diskontinuitätsfläche Γ_1:

$$[\sigma_{\varphi\varphi}]_{r=r_1} = -\,4\,C\,\frac{r_2}{r_1}\,, \tag{5.17}$$

$$[\sigma_{zz}]_{r=r_1} = -\,[E\,\varkappa\,T]_{r=r_1} + 4\,C\,\frac{r_1}{r_2}\left\{\frac{r_1^2 - r_2^2}{r_1^2}\,\nu_{\mathrm{I}} - \nu_{\mathrm{II}}\right\}. \tag{5.18}$$

Zur Bestimmung des den Spannungszuständen in den Gebieten Ω_ι ($\iota = \mathrm{I}, \mathrm{II}$) zugehörigen Feldes der Hauptspannungstrajektorien ist es zweckmäßig, kartesische Koordinaten einzuführen.

Bei Verwendung der Tensortransformationen

$$\begin{pmatrix}\sigma_{xx\iota} & \sigma_{xy\iota}\\ \sigma_{xy\iota} & \sigma_{yy\iota}\end{pmatrix} = \begin{pmatrix}\cos\varphi & -\sin\varphi\\ \sin\varphi & \cos\varphi\end{pmatrix}\begin{pmatrix}\sigma_{rr\iota} & \sigma_{r\varphi\iota}\\ \sigma_{r\varphi\iota} & \sigma_{\varphi\varphi\iota}\end{pmatrix}\begin{pmatrix}\cos\varphi & \sin\varphi\\ -\sin\varphi & \cos\varphi\end{pmatrix} \tag{5.19}$$

$$(\iota = \mathrm{I}, \mathrm{II})$$

ergeben sich die nachstehenden Relationen:

$$\sigma_{xx\,\mathrm{I}} = 2\,C\,\frac{r_1^2 - r_2^2}{r_1\,r_2}\,, \tag{5.20}$$

$$\sigma_{yy\,\mathrm{I}} = 2\,C\,\frac{r_1^2 - r_2^2}{r_1\,r_2}\,, \tag{5.21}$$

$$\sigma_{xy\,\mathrm{I}} = 0\,, \tag{5.22}$$

$$\sigma_{xx\,\mathrm{II}} = 2\,C\left\{\frac{r_1}{r_2} - r_1\,r_2\,\frac{x^2 - y^2}{(x^2 + y^2)^2}\right\}, \tag{5.23}$$

$$\sigma_{yy\,\mathrm{II}} = 2\,C\left\{\frac{r_1}{r_2} + r_1\,r_2\,\frac{x^2 - y^2}{(x^2 + y^2)^2}\right\}, \tag{5.24}$$

$$\sigma_{xy\,\mathrm{II}} = -\,4\,C\,r_1\,r_2\,\frac{x\,y}{(x^2 + y^2)^2}\,. \tag{5.25}$$

Unter Benutzung der Formeln (5.20) bis (5.25) und der Tensortransformationen für die Hauptspannungen

$$\begin{pmatrix}\sigma_{1\iota} & 0\\ 0 & \sigma_{2\iota}\end{pmatrix} = \begin{pmatrix}\cos\Phi & \sin\Phi\\ -\sin\Phi & \cos\Phi\end{pmatrix}\begin{pmatrix}\sigma_{xx\,\iota} & \sigma_{xy\,\iota}\\ \sigma_{xy\,\iota} & \sigma_{yy\,\iota}\end{pmatrix}\begin{pmatrix}\cos\Phi & -\sin\Phi\\ \sin\Phi & \cos\Phi\end{pmatrix};\quad (\iota = \mathrm{I}, \mathrm{II}) \tag{5.26}$$

können dann schließlich in den beiden Gebieten Ω_ι ($\iota = \mathrm{I}, \mathrm{II}$) die Hauptspannungen $\sigma_{1\iota}$, $\sigma_{2\iota}$, ($\iota = \mathrm{I}, \mathrm{II}$), bzw. die Hauptlinienfelder berechnet werden. So gilt für jeden Punkt des Gebietes Ω_I:

$$\sigma_{xx\,\mathrm{I}} = \sigma_{yy\,\mathrm{I}} = \sigma_{1\,\mathrm{I}} = \sigma_{2\,\mathrm{I}}\,. \tag{5.27}$$

Somit ist also jeder Punkt des Gebietes Ω_I einem allseitig gleichförmigen Zug (für $C < 0$) oder Druck (für $C > 0$) ausgesetzt. Es liegt demnach ein hydrostatischer Spannungszustand vor. Weiterhin folgt aus den Relationen (5.26) unter Beachtung von (5.27), daß der Ausdruck

$$\tan 2\,\Phi_\mathrm{I} = \frac{2\,\sigma_{xy\,\mathrm{I}}}{\sigma_{xx\,\mathrm{I}} - \sigma_{yy\,\mathrm{I}}} \tag{5.28}$$

unendlich vieldeutig und damit also keine Hauptrichtung mehr ausgezeichnet ist.

Im Gegensatz hierzu lautet gemäß (5.26) die Differentialgleichung für die im Gebiet Ω_II existierenden Hauptspannungstrajektorien

$$2\,\sigma_{xy\,\mathrm{II}}\,dy + \left\{(\sigma_{xx\,\mathrm{II}} - \sigma_{yy\,\mathrm{II}}) \mp \sqrt{(\sigma_{yy\,\mathrm{II}} - \sigma_{xx\,\mathrm{II}})^2 + 4\,\sigma_{xy\,\mathrm{II}}^2}\right\}dx = 0\,, \tag{5.29}$$

wobei das doppelte Vorzeichen den auftretenden zwei orthogonalen Scharen von Hauptspannungstrajektorien entspricht. Einsetzen der Formeln (5.23) bis (5.25) in den Ausdruck (5.29) und anschließende Integration der so entstehenden Differentialgleichungen liefert dann als Hauptlinienfeld im Gebiet Ω_II die zwei sich orthogonal durchsetzenden Scharen der konzentrischen Kreise

$$x^2 + y^2 - R^2 = 0 \tag{5.30}$$

und Geraden

$$y - c\,x = 0 \tag{5.31}$$

mit R und c als Scharparametern.

Zur Veranschaulichung des Sachverhaltes wird in der Abbildung 2 das unter der Annahme $C > 0$ konstruierte Feld der Hauptspannungstrajektorien gezeigt. Das Hauptlinienfeld läßt sofort erkennen, daß im Innern des Gebietes Ω_II erwartungsgemäß keine isotropen Punkte existieren.

Weiterhin folgt aus den Formeln (5.13) bis (5.15), daß auf der äußeren Begrenzung Γ_2 des Gebietes Ω_{II} auch keine singulären Punkte existieren können. Die Bedingungen für das Auftreten schubfreier Punkte auf der Begrenzung Γ_2 lauten nämlich[1]):

$$\sigma_{rr\,II}(r_2, \varphi) = 0\,, \tag{5.32}$$

$$\sigma_{\varphi\varphi\,II}(r_2, \varphi) = 0\,, \tag{5.33}$$

$$\sigma_{r\varphi\,II}(r_2, \varphi) = 0\,. \tag{5.34}$$

Die Relationen (5.32) und (5.34) sind nun aber gemäß den Gleichungen (5.13) und (5.15) $\forall\, \varphi \in 0 \leqq \varphi \leqq 2\pi$ erfüllt.

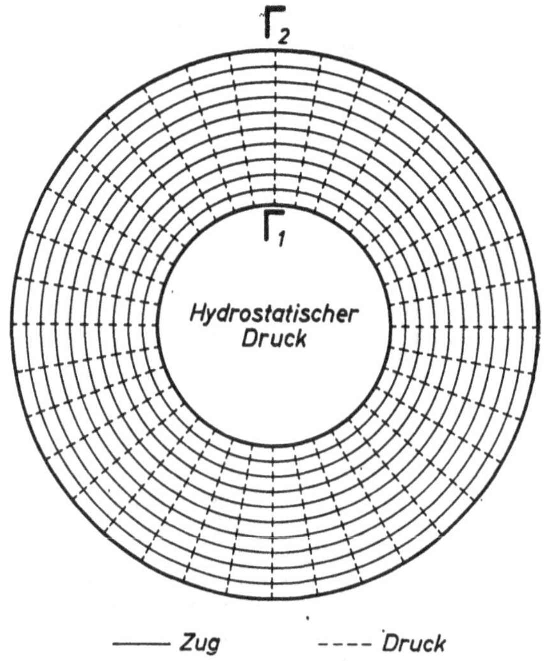

Abb. 2. Hauptlinienfeld

Somit geben also bei vorausgesetzter Existenz die Wurzeln der Gleichung (5.33) die Lage der singulären Punkte auf dem Rand Γ_2 wieder. Aus der Formel (5.14) folgt jedoch wegen der für das Bestehen einer nicht trivialen Lösung des gestellten Eigenspannungsproblems erforderlichen Annahme $C \neq 0$, $\forall\, \varphi \in 0 \leqq \varphi \leqq 2\pi$ das Bestehen der Ungleichung

$$\sigma_{\varphi\varphi\,II}(r_2, \varphi) \neq 0\,. \tag{5.35}$$

---

[1]) Vgl. [13], S. 43.

Ferner kann noch gezeigt werden, daß die auf die Begrenzungen Γ_ι ($\iota = 1, 2$) des Gebietes Ω_{II} wirkenden Gesamtkräfte unter sich je ein Gleichgewichtssystem bilden. Unter Verwendung der Formeln (5.13) und (5.15) gilt nämlich

$$\oint_{\Gamma_2} (\mathfrak{n} \cdot \sigma)\, ds = 0\,, \tag{5.36}$$

$$\oint_{\Gamma_1} (\mathfrak{n} \cdot \sigma)\, ds = 0\,, \tag{5.37}$$

wobei $\mathfrak{n}$ jeweils die Außennormale des Gebietes Ω_{II} bedeutet. Die Formel (5.37) ist nun auch bei Bezugnahme auf das Gebiet Ω_I erfüllt, d. h. wenn statt der Ausdrücke (5.13) und (5.15) die Ausdrücke (5.9) und (5.11) verwendet werden und $\mathfrak{n} = \mathfrak{n}_I$ gesetzt wird. Somit verifiziert also die Relation (5.37) den für einen reinen Eigenspannungszustand schon aus Gleichgewichtsgründen zu fordernden Tatbestand, daß die von einem Teilgebiet auf das andere übertragene Gesamtkraft verschwinden muß.

B. Verschiebungszustand

Zur Bestimmung der in den Gebieten Ω_ι ($\iota = $ I, II) herrschenden Verschiebungsfelder soll nicht wie unter 5.A. die komplexe Funktionentheorie herangezogen werden. Hierbei ist nämlich die Feststellung wichtig, daß die bekannten Formeln von G. V. Kolosov[1])

$$2\, G_\iota\, u_{r\iota} = \mathrm{Re}\, \{e^{-i\varphi}[(3 - 4\, \nu_\iota)\, \psi_\iota(z) - z\, \overline{\psi}'_\iota(\bar z) - \overline{\chi}'_\iota(\bar z)]\} \tag{5.38}$$

$$; \quad (\iota = \mathrm{I, II})$$

$$2\, G_\iota\, u_{\varphi\iota} = \mathrm{Im}\, \{e^{-i\varphi}\, [(3 - 4\, \nu_\iota)\, \psi_\iota(z) - z\, \overline{\psi}'_\iota(\bar z) - \overline{\chi}'_\iota(\bar z)]\} \tag{5.39}$$

nicht den vollständigen Verschiebungszustand in den beiden Gebieten Ω_ι ($\iota = $ I, II) wiedergeben können, da die Ableitung obiger Formeln bekanntlich erfolgte nämlich unter den Voraussetzungen der kompatiblen Elastizitätstheorie erfolgte. Zur Berechnung des vollständigen Verschiebungszustandes sind daher die aus (3.8) und (3.16) folgenden strain-stress relations

$$e_{rr\iota} = \frac{1 - \nu_\iota^2}{E_\iota}\left(\sigma_{rr\iota} - \frac{\nu_\iota}{1 - \nu_\iota}\,\sigma_{\varphi\varphi\iota}\right) + (1 + \nu_\iota)\, \varkappa_\iota\, T_\iota \tag{5.40}$$

$$e_{\varphi\varphi\iota} = \frac{1 - \nu_\iota^2}{E_\iota}\left(\sigma_{\varphi\varphi\iota} - \frac{\nu_\iota}{1 - \nu_\iota}\,\sigma_{rr\iota}\right) + (1 + \nu_\iota)\, \varkappa_\iota\, T_\iota\,; \quad (\iota = \mathrm{I, II}) \tag{5.41}$$

$$e_{r\varphi\iota} = \frac{1 + \nu_\iota}{E_\iota}\,\sigma_{r\varphi\iota} \tag{5.42}$$

sowie die Beziehungen

$$e_{rr\iota} = \frac{\partial u_{r\iota}}{\partial r} \tag{5.43}$$

$$e_{\varphi\varphi\iota} = \frac{1}{r}\,\frac{\partial u_{\varphi\iota}}{\partial \varphi} + \frac{u_{r\iota}}{r}\,; \qquad (\iota = \mathrm{I, II}) \tag{5.44}$$

$$2\, e_{r\varphi\iota} = \frac{\partial u_{\varphi\iota}}{\partial r} - \frac{u_{\varphi\iota}}{r} + \frac{1}{r}\,\frac{\partial u_{r\iota}}{\partial \varphi} \tag{5.45}$$

[1]) a. a. O.

heranzuziehen. Einsetzen der Beziehungen (5.43) bis (5.45) sowie der Ausdrücke (5.9) bis (5.11) und (5.13) bis (5.15) in die strain-stress relations (5.40) bis (5.42) und anschließende Integration liefert dann die kompletten Verschiebungsfelder in den beiden Gebieten Ω_ι ($\iota = \mathrm{I, II}$). Dabei lautet der vollständige Verschiebungszustand im Gebiet Ω_I:

$$u_{r\,\mathrm{I}} = \left\{\frac{C}{G_\mathrm{I}}(1 - 2\,\nu_\mathrm{I})\,\frac{r_1^2 - r_2^2}{r_1\,r_2} + (1 + \nu_\mathrm{I})\,\varkappa_\mathrm{I}\,T_\mathrm{I}\right\} r\,, \tag{5.46}$$

$$u_{\varphi\,\mathrm{I}} = 0 \tag{5.47}$$

und im Gebiet Ω_II:

$$u_{r\,\mathrm{II}} = \frac{C}{G_\mathrm{II}}\,\frac{r_1}{r_2}\left\{(1 - 2\,\nu_\mathrm{II})\,r + \frac{r_2^2}{r}\right\} + (1 + \nu_\mathrm{II})\,\varkappa_\mathrm{II}\,T_\mathrm{II}\,r\,, \tag{5.48}$$

$$u_{\varphi\,\mathrm{II}} = 0\,. \tag{5.49}$$

Der im vorgegebenen inhomogenen Festkörper vorliegende Verschiebungszustand (5.46) bis (5.49) erfüllt nun, wie eine leichte Rechnung zeigt, die Grenzflächenbedingungen (2.6), (2.7) exakt für jeden Punkt der Diskontinuitätsfläche Γ_1.

6. Berechnung der Eigenspannungsenergie

Bei Abwesenheit äußerer Kräfte besitzt die elastische Energiedichte eines Kontinuums mit Inkompatibilitäten die Gestalt

$$w = \frac{1}{2}\,\boldsymbol{\sigma} : \boldsymbol{\varepsilon}\,. \tag{6.1}$$

Die Gesamtenergie eines deformierten Festkörpers mit Inkompatibilitäten beträgt dann

$$W = \int\limits_V w\,d\tau\,, \tag{6.2}$$

wobei über das von dem Körper eingenommene Volumen zu integrieren ist.

Bei vorausgesetzter Homogenität und Isotropie des linear-elastischen Materials kann im Integranden von (6.2) der zweite Faktor des doppelskalaren Produktes (6.1) gemäß der Relation (3.16) durch $\boldsymbol{\sigma}$ ersetzt werden, wodurch sich für die Gesamtenergie der Ausdruck ergibt

$$W = \int\limits_V \frac{1}{2\,E}\,\{(1 + \nu)\,\boldsymbol{\sigma} : \boldsymbol{\sigma} - \nu\,\sigma_\mathrm{I}^2\}\,d\tau\,. \tag{6.3}$$

Es gilt nun weiterhin die Relation

$$\boldsymbol{\sigma} : \boldsymbol{\sigma} = \sigma_\mathrm{I}^2 - 2\,\sigma_\mathrm{II}\,, \tag{6.4}$$

wobei die beiden fundamentalen skalaren Invarianten der Spannungsdyade bei Spezialisierung auf ein Dreibein folgendermaßen lauten:

$$\sigma_\mathrm{I} = \sum_{\nu=1}^{3} \sigma_{\nu\nu}\,, \tag{6.5}$$

$$\sigma_\mathrm{II} = \sum_{\nu=1}^{3} M_{\nu\nu} \tag{6.6}$$

mit der Bedeutung von $M_{\nu\mu}$ als dem Minor von $\sigma_{\nu\mu}$.

Somit läßt sich schließlich die im deformierten elastischen Festkörper enthaltene Gesamtenergie mittels der Formel

$$W = \int_V \frac{1}{2E} \{\sigma_I^2 - 2(1+\nu)\,\sigma_{II}\}\, d\tau \tag{6.7}$$

berechnen.

Im folgenden soll nun die Eigenspannungsenergie berechnet werden, die im Falle unseres vorgegebenen inhomogenen Festkörpers in einer Scheibe von der Höhe der Einheitslänge enthalten ist. Wird dabei als Temperatur T_I des Gebietes Ω_I die Umgebungstemperatur $T_u = 0$ gewählt, so besitzen bei Heranziehung der Formeln (5.9) bis (5.16) und (6.1) die spezifischen Deformationsenergien w_ι (ι = I, II) in den Gebieten Ω_ι (ι = I, II) die nachstehenden Werte:

$$w_I = 4\,\hat{C}^2 \frac{(1+\nu_I)(1-2\nu_I)}{E_I} \frac{(r_1^2 - r_2^2)^2}{r_1^2 r_2^2}, \tag{6.8}$$

$$w_{II} = \frac{1}{2} E_{II}\, \varkappa_{II}^2\, T_{II}^2 + 4\,\hat{C}^2 \frac{1+\nu_{II}}{E_{II}} \left(\frac{r_1}{r_2}\right)^2 \left\{(1-2\nu_{II}) + \left(\frac{r_2}{r}\right)^4\right\}, \tag{6.9}$$

wobei die Konstante $\hat{C}$, deren Wert aus (4.32) folgt, wenn dort $T_I = 0$ gesetzt wird, lautet:

$$\hat{C} = \frac{1}{2} \frac{(1+\nu_{II})\,\varkappa_{II}\, T_{II}\, E_I\, E_{II}}{(1+\nu_I)(1-2\nu_I)\,E_{II}\left[\frac{r_1}{r_2} - \frac{r_2}{r_1}\right] - (1+\nu_{II})\,E_I\left[\frac{r_2}{r_1} + (1-2\nu_{II})\frac{r_1}{r_2}\right]}. \tag{6.10}$$

Somit ergibt sich dann für die in der Kreisscheibe vom Radius r_2 und der Höhe der Einheitslänge enthaltene Eigenspannungsenergie der Ausdruck:

$$W = \frac{\pi}{2}(r_2^2 - r_1^2)\left\{E_{II}\,\varkappa_{II}^2\, T_{II}^2 + 8\,\hat{C}^2\left(\frac{(1+\nu_I)(1-2\nu_I)}{E_I}\left[1 - \left(\frac{r_1}{r_2}\right)^2\right] + \right.\right.$$
$$\left.\left. + \frac{1+\nu_{II}}{E_{II}}\left[1 + (1-2\nu_{II})\left(\frac{r_1}{r_2}\right)^2\right]\right)\right\}. \tag{6.11}$$

Eine Interpretation der Formel (6.11) ergibt, daß der Wert der Eigenspannungsenergie W außer von der Temperaturverteilung auch noch von der Größe der Diskontinuitätsfläche Γ_1 in der Scheibe abhängt. Zur Illustration dieses Sachverhaltes wurde das folgende Anwendungsbeispiel gerechnet:

Gebiet Ω_I: BK 7 (optisches Glas)

E_I = 7931 kp/mm², ν_I = 0,2070, $\varkappa_I = 7{,}75 \cdot 10^{-6}$, T_I = 0 °C.

Gebiet Ω_{II}: ZK 5 (optisches Glas)

E_{II} = 6953 kp/mm², ν_{II} = 0,2407, $\varkappa_{II} = 9{,}19 \cdot 10^{-6}$, 25 °C $\leqq T_{II} \leqq$ 125 °C.

Die aufgeführten Materialkonstanten der beiden optischen Gläser wurden dabei aus [16] und [17] entnommen, wobei jedoch die angegebenen linearen Wärmeausdehnungskoeffizienten $\varkappa_\iota$, (ι = I, II), nur im Temperaturintervall zwischen 25 °C und 125 °C gelten. Demzufolge wurde auch die Temperatur im Gebiet Ω_{II} nur in diesem Intervall variiert, und zwar mit der Schrittweite ΔT_{II} = 2,5°. Im Gegensatz zu $\varkappa_{II}$ geht jedoch $\varkappa_I$ wegen der Festsetzung T_I = 0 °C in den Ausdruck (6.11) für die Eigenspannungsenergie gar nicht ein. Weiterhin wurde zusätzlich noch der Parameter $r^* = \frac{r_1}{r_2}$ im Intervall $0{,}025 \leqq r^* \leqq 1$ variiert, und zwar mit der Schrittweite $\Delta r^* = 0{,}025$.

Die Abbildung 3 zeigt nun die Abhängigkeit des Wertes der in der Kreisscheibe vom Radius r_2 und der Höhe der Einheitslänge enthaltenen Eigenspannungsenergie W von der Größe der Diskontinuitätsfläche Γ_1, wobei die Temperatur T_{II} als Parameter auftritt[1]). Dabei sind die für die Abszissen $r^* = 0$ und $r^* = 1$ eingezeichneten Werte von $2\,W/\pi\,r_2^2$ aus den Relationen

$$\lim_{r^* \to 0} \frac{2\,W}{\pi\,r_2^2} = E_{II}\,\varkappa_{II}^2\,T_{II}^2 \tag{6.12}$$

und

$$\lim_{r^* \to 1} \frac{2\,W}{\pi\,r_2^2} = 0 \tag{6.13}$$

erhalten worden. Der aus der Beziehung (6.12) folgende Wert für W ist hierbei so zu interpretieren, daß längs einer durch den Mittelpunkt der Kreisscheibe führenden Linie die Temperatur unstetig von dem Wert $T = T_I = 0$ der Linie auf den Wert $T = T_{II} \neq 0$ der Umgebung springt.

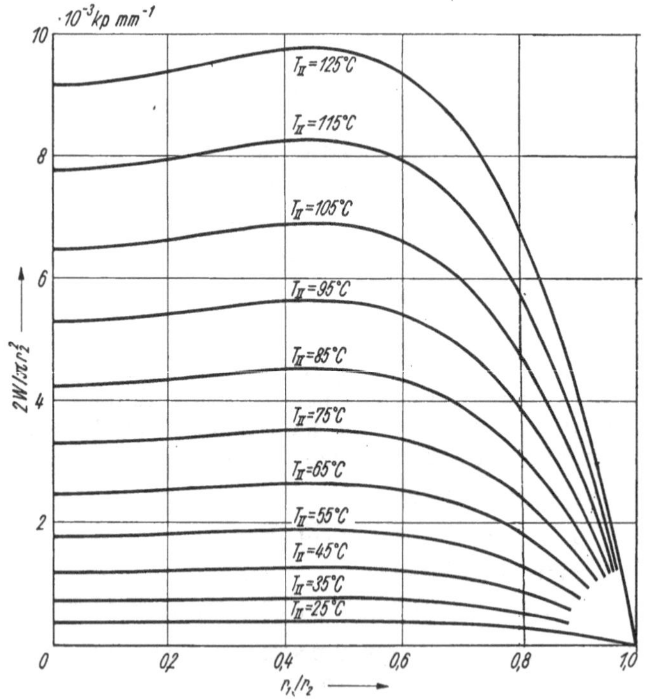

Abb. 3. Eigenspannungsenergie W in Abhängigkeit von der Größe der Diskontinuitätsfläche Γ_1

[1]) Die erforderlichen numerischen Rechnungen wurden dankenswerter Weise von Frau C. RAUSCHENBUSCH auf dem ZRA 1 des Instituts für Numerische Mathematik (Dir.: Prof. Dr. E. SCHINCKE) der Universität Halle durchgeführt.

Die Formel (6.11) für die Eigenspannungsenergie W gestattet nun auch, bei Beibehaltung der vorausgesetzten unstetigen Temperaturverteilung durch Spezialisierung der elastischen und thermischen Konstanten den entsprechenden Energieausdruck für homogenes Material zu erhalten. Wird nämlich gesetzt

$$E_{\mathrm{I}} = E_{\mathrm{II}} = E\,, \quad \nu_{\mathrm{I}} = \nu_{\mathrm{II}} = \nu\,, \quad \varkappa_{\mathrm{I}} = \varkappa_{\mathrm{II}} = \varkappa\,, \tag{6.14}$$

so folgt aus (6.11) der nachstehende Ausdruck für die in einer Kreisscheibe homogenen Materials aufgespeicherte Eigenspannungsenergie

$$\overset{*}{W} = \frac{\pi}{2}(r_2^2 - r_1^2)\, E\, \varkappa^2\, T_{\mathrm{II}}^2 \left\{1 + \frac{1+\nu}{1-\nu}\left(\frac{r_1}{r_2}\right)^2\right\}. \tag{6.15}$$

Bei Annahme des optischen Glases ZK 5 als Material für die gesamte Kreisscheibe und bei übereinstimmender Wahl des Parameters T_{II} zeigt die numerische Auswertung der Formel (6.15), daß für jeden der Berechnung zugrunde gelegten Intervallpunkt aus $0 < r^* < 1$ der Wert der Eigenspannungsenergie $\overset{*}{W}$ stets kleiner als der entsprechende aus der Abbildung 3 zu entnehmende Wert für die Eigenspannungsenergie W ist. Es gilt dabei im Intervall $0 < r^* < 1$

$$\frac{2}{\pi r_2^2}\{W - \overset{*}{W}\} \ll 1\,, \tag{6.16}$$

so daß sich für die Eigenspannungsenergie $\overset{*}{W}$ in Abhängigkeit von r^* ein ganz ähnlicher Kurvenverlauf wie in der Abbildung 3 ergibt. Aus diesem Grunde wurde an dieser Stelle auf eine Wiedergabe der Kurven für $\overset{*}{W}$ verzichtet. Zur Veranschaulichung des Sachverhaltes sind jedoch in der folgenden kleinen Tabelle für den Parameterwert $T_{\mathrm{II}} = 125$ °C die Werte der Eigenspannungsenergien W und $\overset{*}{W}$ in Abhängigkeit von der Größe der Diskontinuitätsfläche angegeben worden.

$T_{\mathrm{II}} = 125$ °C

r^*	0	0,1	0,2	0,3	0,4	0,45
$\frac{2W}{\pi r_2^2} \cdot 10^3$ [kpmm^{-1}]	9,1754	9,2339	9,3910	9,5915	9,7435	9,7627
$\frac{2\overset{*}{W}}{\pi r_2^2} \cdot 10^3$ [kpmm^{-1}]	9,1754	9,2320	9,3841	9,5775	9,7223	9,7386

r^*	0,5	0,6	0,7	0,8	0,9	1
$\frac{2W}{\pi r_2^2} \cdot 10^3$ [kpmm^{-1}]	9,7190	9,3541	8,4499	6,7729	4,0561	0
$\frac{2\overset{*}{W}}{\pi r_2^2} \cdot 10^3$ [kpmm^{-1}]	9,6926	9,3265	8,4261	6,7574	4,0507	0

Schließlich ist noch in der Abbildung 4 für das Radienverhältnis $r^* = 0{,}45$ die Abhängigkeit der Eigenspannungsenergie W von der Temperatur T_{II} dargestellt worden.

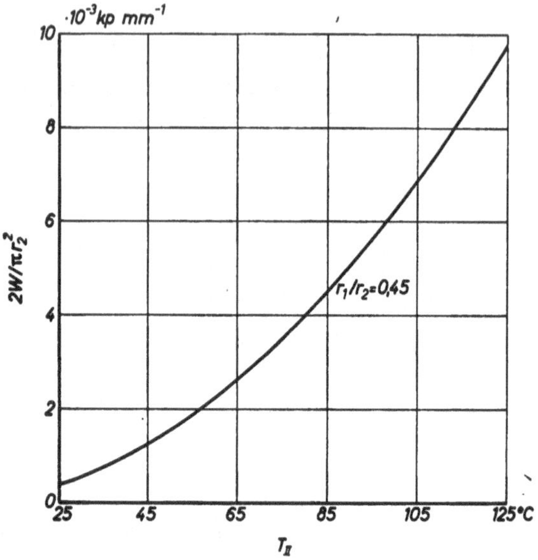

Abb. 4. Eigenspannungsenergie W in Abhängigkeit von der Temperatur T_{II}

Herrn Prof. Dr. M. Hieke möchte ich für sein förderndes Interesse an den obigen Untersuchungen recht herzlich danken.

Dr. Klaus Herrmann,
Martin-Luther-Universität
Halle-Wittenberg,
Sektion Physik,
Fachbereich Theoretische Physik,
Halle (Saale), Friedemann-Bach-Platz 6

Literatur

[1] Olszak, W., (Editor) Non-Homogeneity in Elasticity and Plasticity. IUTAM-Symposium, Warsaw 2.–9. Sept. 1958, Pergamon Press, New York/London 1959.
[2] Nowacki, W., Thermoelasticity. Pergamon Press and PWN, Oxford and Warsaw 1962.
[3] Hieke, M., Herrmann, K., Über ein ebenes inhomogenes Problem der Thermoelastizität. Acta mechanica VI/1 (1968) 42–55.
[4] Kröner, E., Kontinuumstheorie der Versetzungen und Eigenspannungen. Ergeb. Angew. Mathematik, Springer-Verlag, Berlin 1958.
[5] Lebedew, N., Thermal Stresses in Circular Ring. Applied Mathematics and Mechanics, (1936) 76–84 (in Russian).

[6] Poritsky, H., Thermal Stresses in Cylindrical Pipes. Phil. Mag. Ser. 7, **XXIV** (1937) 209–223.

[7] Gatewood, B. E., Thermal Stresses in Long Cylindrical Bodies. Phil. Mag. Ser. 7 (1941) 282–301.

[8] Melan, E., Parkus, H., Wärmespannungen. Springer-Verlag, Wien 1953.

[9] Jentsch, L., Zur Thermoelastostatik stückweise homogener Körper. Archiv Rat. Mech. and Anal. Vol. **24** (1967) 141–172.

[10] Du Ching-Hua, The Two-Dimensional Problems of the Nonhomogeneous Isotropic Medium. In: Problems of Continuum Mechanics SIAM, J. R. M. Radok (Editor) p. 104, Groningen, Erven P. Noordhoff'-s Uitgeverszaak 1961.

[11] Hieke, M., Eine indirekte Bestimmung der Airyschen Fläche bei unstetigen Wärmespannungen. ZAMM **35** (1955) 285–294.

[12] Sneddon, I. N., Berry, D. S., The Classical Theory of Elasticity in: Handbuch der Physik **VI**, Springer-Verlag, Berlin 1958.

[13] Herrmann, K., Über „natürliche" und „erzwungene" Singularitäten eines ebenen wohldefinierten Eigenspannungszustandes und ihre Bedeutung für die Rißbildung im makroskopisch spröden amorphen Festkörper. Wiss. Z. Univ. Halle **XVI' 67 M** (1967) 35–48.

[14] Rieder, G., Eigenspannungen in unendlich geschichteten und elastisch anisotropen Medien, insbesondere in Weisschen Bezirken und in geschichteten Platten. Abh. Braunschweig. Wiss. Gesellschaft **XI** (1959) 20–61.

[15] Lagally, M., Franz, W.. Vorlesungen über Vektorrechnung. Akadem. Verlagsgesellschaft Geest & Portig K.-G., Leipzig, 5. Aufl. 1956.

[16] Schaefer, C., Bergmann, L., Die Bestimmung der elastischen Konstanten optischer Gläser aus der Lichtbeugung an hochfrequent schwingenden Glaswürfeln. Ann. Phys. (6. Folge) 3 (1948) 72–81.

[17] Jenaer Glaswerk Schott & Gen. (Editor), Jenaer Glas für die Optik. Liste der Eigenschaftswerte.

[18] Hermann, K., Habilitationsschrift, Universität Halle 1969.

Über Eigenspannungen im diskontinuierlich inhomogenen Festkörper II. Exzentrische Lage der Teilgebiete

K. Herrmann

Zusammenfassung

Es wird ein zylindrischer Festkörper isotropen linear-elastischen aber inhomogenen Materials betrachtet, in dem ein durch eine wohldefinierte Inkompatibilitätsverteilung erzeugter Eigenspannungszustand existiert. Der vorgegebene Festkörper wird dabei durch eine gleichfalls zylindrische Diskontinuitätsfläche Γ_1 in zwei exzentrisch zueinander gelegene Teilgebiete homogenen isotropen Materials zerlegt, und zwar so, daß längs Γ_1 der Spannungs- und Verschiebungszustand die Grenzflächenbedingungen des „rigid contact" befriedigt. Das vorliegende Eigenspannungsproblem gestattet dann bei Berücksichtigung der gleichen Voraussetzungen wie im Teil (I) eine Behandlung als ebener Formänderungszustand. Für schwach unterschiedliche elastische, aber beliebig voneinander verschiedene thermische Materialkonstanten kann ein Näherungsausdruck für die gesuchte Airysche Fläche gefunden werden, der den exakten Eigenspannungszustand zufriedenstellend approximiert.

Für einen Spezialfall kann die Lösung in geschlossener Form angegeben werden.

Summary

The cylindrical solid from isotropic linear-elastic but inhomogeneous material is considered, in which exists a self-equilibrating state of stress induced by a well-defined distribution of incompatibilities. Therein the presumed solid is subdivided in two excentric regions from homogeneous isotropic material by the likewise cylindrical discontinuity surface Γ_1. The stress- and displacement state along the interface Γ_1 satisfies the interfacial conditions of the „rigid contact". Regarding the same assumptions as in part (I) the present self-stress problem can be treated as a plane strain state. By assumption of small different elastic but of different thermal material constants an approximate expression for the desired Airy-surface can be found, which approaches satisfactory the exact self-equilibrating state of stress.

For a special case the solution can be given in closed form.

1. Problemstellung

In der im folgenden mit (I)[1]) bezeichneten Arbeit wurde der infolge einer vorgegebenen Inkompatibilitätsverteilung in einem Festkörper von der geo-

[1]) Vorstehender Aufsatz. Vgl. dort auch Tabelle der Bezeichnungen und Literaturverzeichnis!

metrischen Gestalt eines unendlich langen Kreiszylinders erzeugte Eigenspannungszustand untersucht. Der vorgegebene Festkörper setzte sich dabei aus zwei durch die Diskontinuitätsfläche Γ_1 getrennten konzentrisch zueinander gelegenen Gebieten Ω_ι ($\iota = \mathrm{I, II}$) mit den gebietsweise konstanten mechanischen und thermischen Materialkonstanten $E_\iota, \nu_\iota, \varkappa_\iota$, ($\iota = \mathrm{I, II}$) zusammen.

In vorliegender Arbeit soll nun die in (I) durchgeführte Untersuchung noch auf den Fall der exzentrisch gelegenen Diskontinuitätsfläche Γ_1 ausgedehnt werden. Der vorgegebene Festkörper isotropen linear-elastischen, aber diskontinuierlich inhomogenen Materials besitzt demnach jetzt die geometrische Gestalt eines unendlich langen Kreiszylinders, der aus zwei exzentrisch zueinander gelegenen Gebieten Ω_ι ($\iota = \mathrm{I, II}$) mit den gebietsweise konstanten Materialkonstanten $E_\iota, \nu_\iota, \varkappa_\iota$, ($\iota = \mathrm{I, II}$) besteht.

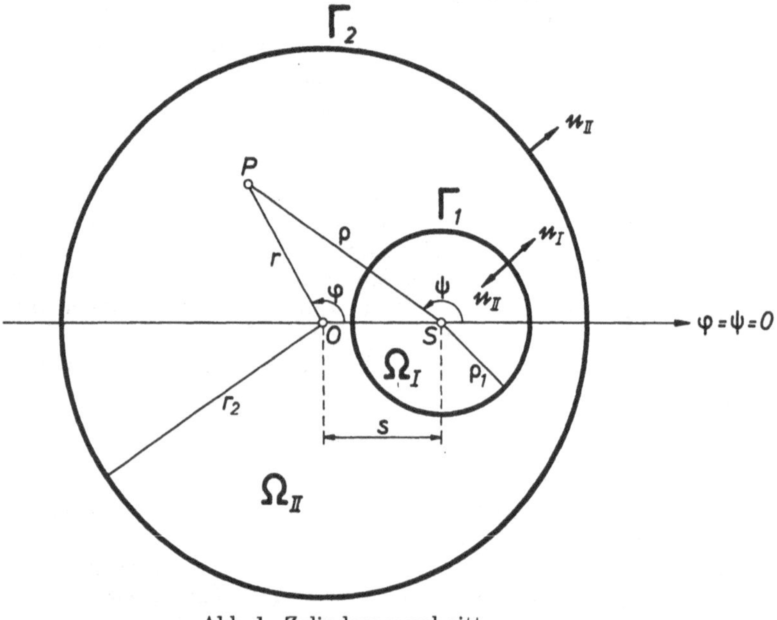

Abb. 1. Zylinderquerschnitt

Die Materialeigenschaften sollen sich dabei an der Diskontinuitätsfläche Γ_1 diskontinuierlich von den Werten $E_\mathrm{I}, \nu_\mathrm{I}, \varkappa_\mathrm{I}$ des Gebietes Ω_I auf die Werte E_II, $\nu_\mathrm{II}, \varkappa_\mathrm{II}$ des Gebietes Ω_II ändern. Der ursprünglich auf der Umgebungstemperatur $T_u = 0$ befindliche Festkörper inhomogenen Materials erfahre nun zur Zeit $t = 0$ einen Wärmeschock der Gestalt

$$\hat{T}(\varrho, \psi) = \begin{cases} T_\mathrm{I} & \text{für } 0 \leqq \varrho < \varrho_1 \\ T_\mathrm{II} & \text{für } \varrho_1 < \varrho \leqq \varrho_2 \end{cases}; \qquad (T_\mathrm{I} \neq T_\mathrm{II}) \tag{1.1}$$

mit der Bedeutung der Bezeichnungen

$$\varrho^2 = r^2 + s^2 - 2\, r\, s \cos\varphi\,, \tag{1.2}$$

$$\varrho_2^2 = r_2^2 + s^2 - 2\, r_2\, s \cos\varphi \tag{1.3}$$

und den gebietsweise konstanten, jedoch von Null verschiedenen Temperaturwerten T_ι ($\iota = \mathrm{I, II}$).

Gesucht wird nun die AIRYsche Fläche $F(x, y)$ des infolge des Wärmeschocks (1.1) im vorgegebenen Festkörper entstandenen Eigenspannungszustandes, wobei an der Diskontinuitätsfläche Γ_1 wiederum das Bestehen der Grenzflächenbedingungen des „rigid contact" gefordert werden soll. Bei vorausgesetzter Gültigkeit der bereits in (I), 2. aufgeführten Annahmen 1. bis 5. läßt sich das vorliegende Eigenspannungsproblem ebenso wie im Falle konzentrischer Lage der Diskontinuitätsfläche Γ_1 als ebener Formänderungszustand behandeln.

Hierbei hat dann der im inhomogenen Festkörper existierende Spannungs- und Verschiebungszustand die nachstehenden Rand- und Grenzflächenbedingungen zu erfüllen:

$$\sigma_{rr\,\mathrm{II}}(r_2, \varphi) = 0\,, \tag{1.4}$$

$$\sigma_{r\varphi\,\mathrm{II}}(r_2, \varphi) = 0\,, \tag{1.5}$$

$$[\sigma_{\varrho\varrho}(\varrho, \psi)]_{\varrho=\varrho_1} = 0\,, \tag{1.6}$$

$$[\sigma_{\varrho\psi}(\varrho, \psi)]_{\varrho=\varrho_1} = 0\,, \tag{1.7}$$

$$[e_{\psi\psi}(\varrho, \psi)]_{\varrho=\varrho_1} = 0\,. \tag{1.8}$$

Die Grenzflächenbedingung (1.8) impliziert dabei die Stetigkeit des Verschiebungsvektors $\mathfrak{u}$ an der Diskontinuitätsfläche Γ_1.

2. Formulierung und Lösung des adäquaten Randwertproblems

Bei Heranziehung der bereits in (I), 3. gewonnenen Ergebnisse und der Berücksichtigung der Tatsache, daß die vorgegebene Temperaturverteilung (1.1) in den beiden Gebieten Ω_ι, ($\iota = \mathrm{I, II}$) jeweils die LAPLACEsche Differentialgleichung

$$\nabla^2\, T(x, y) = 0 \tag{2.1}$$

erfüllt, läßt sich das unter 1. formulierte Eigenspannungsproblem auf das nachstehende Randwertproblem der Bipotentialtheorie zurückführen:

$$\nabla^4\, \hat{F}_\iota(\varrho, \psi) = 0\,; \qquad (\iota = \mathrm{I, II}) \tag{2.2}$$

$$\tilde{F}_{\mathrm{II}}(r_2, \varphi) = 0\,, \tag{2.3}$$

$$\left\{\frac{\partial \tilde{F}_{\mathrm{II}}(r, \varphi)}{\partial r}\right\}_{r=r_2} = 0\,, \tag{2.4}$$

$$[\hat{F}(\varrho, \psi)]_{\varrho=\varrho_1} = 0\,, \tag{2.5}$$

$$\left[\frac{\partial \hat{F}(\varphi, \psi)}{\partial \varrho}\right]_{\varrho=\varrho_1} = 0\,, \tag{2.6}$$

$$\left[\frac{1-\nu^2}{E}\left\{\frac{\partial^2 \hat{F}(\varrho, \psi)}{\partial \varrho^2} - \frac{\nu}{1-\nu}\left(\frac{1}{\varrho^2}\frac{\partial^2 \hat{F}(\varrho, \psi)}{\partial \psi^2} + \frac{1}{\varrho}\frac{\partial \hat{F}(\varrho, \psi)}{\partial \varrho}\right)\right\} + (1+\nu)\,\varkappa\, T\right]_{\varrho=\varrho_1} = 0\,. \tag{2.7}$$

Bekanntlich stellt nun der LAPLACE-Operator $\nabla^2 = \Delta$ einen gegenüber linearen Transformationen invarianten Differentialoperator dar. Aus diesem Grund ist es möglich, in den beiden Gebieten Ω_ι $(\iota = \mathrm{I}, \mathrm{II})$ als Ansatz für die AIRYschen Spannungsfunktionen $\hat{F}_\iota$ $(\iota = \mathrm{I}, \mathrm{II})$ die nachstehenden partikulären Integrale von (2.2) zu wählen:

$$\hat{F}_{\mathrm{I}}(\varrho) = a_{\mathrm{I}} + c_{\mathrm{I}}\,\varrho^2\,, \tag{2.8}$$

$$\hat{F}_{\mathrm{II}}(\varrho) = a_{\mathrm{II}} + b_{\mathrm{II}} \ln \varrho + c_{\mathrm{II}}\,\varrho^2\,. \tag{2.9}$$

Zur Befriedigung der Randbedingungen (2.3), (2.4) auf der äußeren Begrenzungsfläche Γ_2 des inhomogenen Festkörpers soll nun nach einer Methode von M. HIEKE[1]) so vorgegangen werden, daß dem Ausdruck (2.9) noch eine Lösung der homogenen Bipotentialgleichung superponiert wird, die dem folgenden Randwertproblem entstammt:

$$\nabla^4 \tilde{H}(r, \varphi) = 0\,, \tag{2.10}$$

$$\tilde{H}(r_2, \varphi) = -\,a_{\mathrm{II}} - b_{\mathrm{II}} \ln \varrho_2 - c_{\mathrm{II}}\,\varrho_2^2\,, \tag{2.11}$$

$$\left\{\frac{\partial \tilde{H}(r, \varphi)}{\partial r}\right\}_{r=r_2} = -\,b_{\mathrm{II}}\,\frac{r_2 - s\cos\varphi}{\varrho_2^2} - 2\,c_{\mathrm{II}}\,(r_2 - s\cos\varphi)\,. \tag{2.12}$$

Die Lösung des Randwertproblems (2.10) bis (2.12) kann mittels des POISSONschen Integrals[2]) gefunden werden und lautet:

$$\tilde{H}(r, \varphi) = \frac{(r_2^2 - r^2)^2}{4\pi r_2^2} \int_0^{2\pi} \left\{ \frac{\tilde{H}(r_2, \alpha) - r_2 \left\{\dfrac{\partial \tilde{H}(r, \alpha)}{\partial r}\right\}_{r=r_2}}{r_2^2 + r^2 - 2\,r_2 r \cos(\alpha - \varphi)} + \frac{(r_2^2 - r^2)\,\tilde{H}(r_2, \alpha)}{[r_2^2 + r^2 - 2\,r_2 r\cos(\alpha - \varphi)]^2} \right\} d\alpha$$

$$= -\,\frac{(r_2^2 - r^2)^2}{4\pi r_2^2} \Bigg\{ a_{\mathrm{II}} \left[\int_0^{2\pi} \frac{d\alpha}{r_2^2 + r^2 - 2\,r_2 r\cos(\alpha - \varphi)} + (r_2^2 - r^2) \,\times \right.$$

$$\left. \times \int_0^{2\pi} \frac{d\alpha}{[r_2^2 + r^2 - 2\,r_2 r\cos(\alpha - \varphi)]^2} \right] + b_{\mathrm{II}} \left[\int_0^{2\pi} \frac{\ln \varrho_2}{r_2^2 + r^2 - 2\,r_2 r\cos(\alpha - \varphi)}\,d\alpha + r_2 \,\times \right.$$

$$\left. \times \int_0^{2\pi} \frac{s\cos\alpha - r_2}{\varrho_2^2\,[r_2^2 + r^2 - 2\,r_2 r\cos(\alpha - \varphi)]}\,d\alpha + (r_2^2 - r^2) \int_0^{2\pi} \frac{\ln \varrho_2}{[r_2^2 + r^2 - 2\,r_2 r\cos(\alpha - \varphi)]^2}\,d\alpha \right]$$

$$+\, c_{\mathrm{II}} \left[(s^2 - r_2^2) \int_0^{2\pi} \frac{d\alpha}{r_2^2 + r^2 - 2\,r_2 r\cos(\alpha - \varphi)} + (r_2^2 - r^2) \,\times \right.$$

$$\left. \left. \times \int_0^{2\pi} \frac{r_2^2 + s^2 - 2\,r_2 s\cos\alpha}{[r_2^2 + r^2 - 2\,r_2 r\cos(\alpha - \varphi)]^2}\,d\alpha \right] \right\}. \tag{2.13}$$

---

[1]) Vgl. (I), [11], S. 291.
[2]) Vgl. [1], S. 851.

Die auf der rechten Seite von (2.13) auftretenden Integrale sind dabei sämtlich der Literatur[1]) zu entnehmen. Die Ausrechnung ergibt dann den Ausdruck:

$$\tilde{H}(r, \varphi) = -a_{II} - b_{II}\left\{\ln r_2^{-1}\sqrt{r_2^4 + r^2 s^2 - 2 r_2^2 r s \cos\varphi} + \right.$$
$$\left. + \frac{[r_2^2 - r^2][r^2 s^2 - r_2^4]}{2 r_2^2 [r_2^4 + r^2 s^2 - 2 r_2^2 r s \cos\varphi]}\right\} - c_{II}[r^2 + s^2 - 2 r s \cos\varphi]. \quad (2.14)$$

Superponiert man nun diese im Gesamtgebiet $\Omega_I \cup \Omega_{II}$ reguläre Bipotentialfunktion (2.14) der Funktion (2.9), so ergibt sich im Gebiet Ω_{II} der nachstehende endgültige Ansatz für die AIRYsche Spannungsfunktion $\tilde{F}_{II}(r, \varphi)$

$$\tilde{F}_{II}(r, \varphi) = b_{II}\left\{\ln\sqrt{r^2 + s^2 - 2 r s \cos\varphi} - \ln r_2^{-1}\sqrt{r_2^4 + r^2 s^2 - 2 r_2^2 r s \cos\varphi} - \right.$$
$$\left. - \frac{[r_2^2 - r^2][r^2 s^2 - r_2^4]}{2 r_2^2 [r_2^4 + r^2 s^2 - 2 r_2^2 r s \cos\varphi]}\right\}. \quad (2.15)$$

Die Funktion (2.15) erfüllt nun auf dem Rand Γ_2 die an das vorliegende Eigenspannungsproblem gestellten Randbedingungen (2.3), (2.4). Weiterhin ist zu erkennen, daß die in (2.15) an zweiter und dritter Stelle stehenden Funktionen auf Grund ihrer Regularität im Gesamtgebiet $\Omega_I \cup \Omega_{II}$ in das Gebiet Ω_I fortsetzbar sind. Somit kann dann im Gebiet Ω_I der folgende endgültige Ansatz für die AIRYsche Spannungsfunktion $\tilde{F}_I(r, \varphi)$ aufgestellt werden:

$$\tilde{F}_I(r, \varphi) = a_I + c_I[r^2 + s^2 - 2 r s \cos\varphi] - b_{II}\left\{\ln r_2^{-1}\sqrt{r_2^4 + r^2 s^2 - 2 r_2^2 r s \cos\varphi}\right.$$
$$\left. + \frac{[r_2^2 - r^2][r^2 s^2 - r_2^4]}{2 r_2^2 [r_2^4 + r^2 s^2 - 2 r_2^2 r s \cos\varphi]}\right\}. \quad (2.16)$$

Zur Bestimmung der in den endgültigen Ansätzen (2.15) und (2.16) noch enthaltenen drei unbekannten Koeffizienten a_I, c_I, b_{II} sollen nun die drei Grenzflächenbedingungen des „rigid contact" (2.5), (2.6) und (1.8) herangezogen werden. Dabei soll zunächst die Beziehung (1.8) noch geeignet umgeformt werden. Unter Heranziehung der Relationen (I), (3.8) und (I), (3.16) läßt sich nämlich die Grenzflächenbedingung (1.8) in der nachstehenden Weise darstellen:

$$[E^{-1}\{\sigma_{\psi\psi} - \nu(\sigma_{\varrho\varrho} + \sigma_{zz})\} + \varkappa T]_{\varrho=\varrho_1} = 0. \quad (2.17)$$

Die Spannung σ_{zz} kann nun aus der Sprungrelation (2.17) eliminiert werden, wenn die aus der Beziehung

$$e_{zz\iota} = 0; \quad (\iota = \text{I, II}) \quad (2.18)$$

folgende Relation

$$\sigma_{zz\iota} = -E_\iota \varkappa_\iota T_\iota + \nu_\iota(\sigma_{\varrho\varrho\iota} + \sigma_{\psi\psi\iota}); \quad (\iota = \text{I, II}) \quad (2.19)$$

in (2.17) eingesetzt wird. Dann ergibt sich die Sprungrelation

$$\left[\frac{1 - \nu^2}{E}\sigma_{\psi\psi}\right]_{\varrho=\varrho_1} - \left[\frac{\nu(1 + \nu)}{E}\sigma_{\varrho\varrho}\right]_{\varrho=\varrho_1} = -[(1 + \nu)\varkappa T]_{\varrho=\varrho_1}. \quad (2.20)$$

[1]) Vgl. [2], S. 147.

Besteht nun der vorgegebene inhomogene Festkörper aus zwei Materialien mit schwach unterschiedlichen elastischen, aber beliebig voneinander verschiedenen thermischen Konstanten, so erhält man aus (2.20) unter Heranziehung von (1.6) einen den exakten Wert gut approximierenden Näherungswert für $[\sigma_{\psi\psi}]_{\varrho=\varrho_1}$, falls an Stelle der E_ι, ν_ι $(\iota = \mathrm{I, II})$ die Mittelwerte $\bar{E}, \bar{\nu}$ verwendet werden.

Dann gilt

$$[\sigma_{\psi\psi}]_{\varrho=\varrho_1} = \frac{\bar{E}}{\bar{\nu}-1}\,[\varkappa\, T]_{\varrho=\varrho_1}\,. \tag{2.21}$$

Im Spezialfall

$$E_{\mathrm{I}} = E_{\mathrm{II}} = \bar{E}\,, \qquad \nu_{\mathrm{I}} = \nu_{\mathrm{II}} = \bar{\nu}\,, \qquad \varkappa_{\mathrm{I}} \neq \varkappa_{\mathrm{II}}\,, \qquad T_{\mathrm{I}} \neq T_{\mathrm{II}} \tag{2.22}$$

stellt die Beziehung (2.21) sogar den exakten Ausdruck für die Größe des Sprunges der Normalspannung $\sigma_{\psi\psi}$ beim Durchgang durch die Diskontinuitätsfläche Γ_1 dar.

Bei Heranziehung der Relationen (2.5), (2.6) und (2.21) lassen sich nun die noch unbekannten Koeffizienten a_{I}, c_{I}, b_{II} in (2.15) und (2.16) aus dem nachstehenden Gleichungssystem ermitteln:

$$a_{\mathrm{I}} + c_{\mathrm{I}}\,\varrho_1^2 - b_{\mathrm{II}} \ln \varrho_1 = 0\,, \tag{2.23}$$

$$2\,c_{\mathrm{I}}\,\varrho_1 - b_{\mathrm{II}}\,\varrho_1^{-1} = 0\,, \tag{2.24}$$

$$2\,c_{\mathrm{I}} + b_{\mathrm{II}}\,\varrho_1^{-2} = \frac{\bar{E}}{\bar{\nu}-1}\,[\varkappa\, T]_{\varrho=\varrho_1}\,. \tag{2.25}$$

Für die gesuchten Koeffizienten a_{I}, c_{I}, b_{II} ergeben sich dann die folgenden Ausdrücke

$$a_{\mathrm{I}} = \frac{\bar{E}}{4\,(\bar{\nu}-1)}\,\varrho_1^2\,(2\ln \varrho_1 - 1)\,[\varkappa\, T]_{\varrho=\varrho_1}\,, \tag{2.26}$$

$$c_{\mathrm{I}} = \frac{\bar{E}}{4\,(\bar{\nu}-1)}\,[\varkappa\, T]_{\varrho=\varrho_1}\,, \tag{2.27}$$

$$b_{\mathrm{II}} = \frac{\bar{E}}{2\,(\bar{\nu}-1)}\,\varrho_1^2\,[\varkappa\, T]_{\varrho=\varrho_1}\,. \tag{2.28}$$

Im Falle schwach unterschiedlicher elastischer, aber beliebig voneinander verschiedener thermischer Konstanten lautet dann der Näherungsausdruck für die Airysche Fläche des Gesamtgebietes $\Omega_{\mathrm{I}} \cup \Omega_{\mathrm{II}}$:

$$\tilde{F}(r,\varphi) = \begin{cases} \tilde{F}_{\mathrm{I}}(r,\varphi) = \dfrac{\bar{E}}{4\,(\bar{\nu}-1)}\,[\varkappa\, T]_{\varrho=\varrho_1}\Big\{r^2 + s^2 - 2\,r\,s\cos\varphi - \varrho_1^2 \times \\ \times \Big(1 + \ln \dfrac{r_2^4 + r^2 s^2 - 2\,r_2^2\,r\,s\cos\varphi}{\varrho_1^2\,r_2^2} + \dfrac{[r_2^2 - r^2]\,[r^2 s^2 - r_2^4]}{r_2^2\,[r_2^4 + r^2 s^2 - 2\,r_2^2\,r\,s\cos\varphi]}\Big)\Big\} \\ \qquad\qquad\qquad\qquad \text{für das Gebiet } \Omega_{\mathrm{I}}\,, \end{cases} \tag{2.29}$$

$$\widetilde{F}(r,\varphi) = \left\{ \begin{aligned} \widetilde{F}_{II}(r,\varphi) &= \frac{\bar{E}}{4(\bar{\nu}-1)} \varrho_1^2 [\varkappa T]_{\varrho=\varrho_1} \left\{ \ln \frac{r_2^2 [r^2 + s^2 - 2 r s \cos\varphi]}{r_2^4 + r^2 s^2 - 2 r_2^2 r s \cos\varphi} - \right. \\ &\left. - \frac{[r_2^2 - r^2][r^2 s^2 - r_2^4]}{r_2^2 [r_2^4 + r^2 s^2 - 2 r_2^2 r s \cos\varphi]} \right\} \text{ für das Gebiet } \Omega_{II} \end{aligned} \right. \quad (2.30)$$

in dem auf den Ursprung O bezogenen r, φ-Polarkoordinatensystem bzw.

$$\hat{F}(\varrho,\psi) = \left\{ \begin{aligned} \hat{F}_I(\varrho,\psi) &= \frac{\bar{E}}{4(\bar{\nu}-1)} [\varkappa T]_{\varrho=\varrho_1} \times \\ &\times \left\{ \varrho^2 - \varrho_1^2 \left(1 + \ln \frac{(r_2^2 - s^2)^2 + \varrho^2 s^2 - 2 \varrho s (r_2^2 - s^2)\cos\psi}{\varrho_1^2 r_2^2} \times \right.\right. \\ &\left.\left. + \frac{[(r_2^2 - s^2) - \varrho^2 - 2\varrho s \cos\psi][(s^4 - r_2^4) + \varrho^2 s^2 + 2 \varrho s^3 \cos\psi]}{r_2^2 [(r_2^2 - s^2)^2 + \varrho^2 s^2 - 2 \varrho s (r_2^2 - s^2)\cos\psi]} \right) \right\} \\ &\qquad \text{für } \varrho \leqq \varrho_1, \quad (2.31) \\ \hat{F}_{II}(\varrho,\psi) &= \frac{\bar{E}}{4(\bar{\nu}-1)} \varrho_1^2 [\varkappa T]_{\varrho=\varrho_1} \times \\ &\times \left\{ \ln \frac{r_2^2 \varrho^2}{(r_2^2 - s^2)^2 + \varrho^2 s^2 - 2 \varrho s (r_2^2 - s^2)\cos\psi} - \right. \\ &\left. - \frac{[(r_2^2 - s^2) - \varrho^2 - 2\varrho s \cos\psi][(s^4 - r_2^4) + \varrho^2 s^2 + 2 \varrho s^3 \cos\psi]}{r_2^2 [(r_2^2 - s^2)^2 + \varrho^2 s^2 - 2 \varrho s (r_2^2 - s^2)\cos\psi]} \right\} \\ &\qquad \text{für } \varrho \geqq \varrho_1 \quad (2.32) \end{aligned} \right.$$

in dem auf den Bezugspunkt S bezogenen ϱ, ψ-Polarkoordinatensystem.

Im Spezialfall (2.22) stellen nun die Formeln (2.29), (2.30) bzw. (2.31), (2.32) sogar den exakten Ausdruck für die Airysche Fläche des Gesamtgebietes $\Omega_I \cup \Omega_{II}$ dar. Dabei erfüllt die Airysche Fläche $\widetilde{F}(r,\varphi)$ bzw. $\hat{F}(\varrho,\psi)$ bei Beachtung der vorgenommenen Einschränkung über die elastischen Konstanten der beiden Gebiete Ω_ι (ι = I, II) die Rand- und Übergangsbedingungen (2.3) bis (2.7) für jeden Punkt von Γ_2 bzw. Γ_1 exakt.

3. Berechnung des Spannungszustandes

Zur Berechnung der in den beiden Gebieten Ω_ι (ι = I, II) herrschenden Spannungsfelder sollen die Formeln (2.29), (2.30) für die Airyschen Spannungsfunktionen $\widetilde{F}_\iota(r,\varphi)$ (ι = I, II) sowie die Relationen

$$\sigma_{rr\iota} = \frac{1}{r^2}\frac{\partial^2 \widetilde{F}_\iota(r,\varphi)}{\partial\varphi^2} + \frac{1}{r}\frac{\partial \widetilde{F}_\iota(r,\varphi)}{\partial r} \quad (3.1)$$

$$\sigma_{\varphi\varphi\iota} = \frac{\partial^2 \widetilde{F}_\iota(r,\varphi)}{\partial r^2}; \qquad (\iota = \text{I, II}) \quad (3.2)$$

$$\sigma_{r\varphi\iota} = -\frac{\partial}{\partial r}\left\{\frac{1}{r}\frac{\partial \widetilde{F}_\iota(r,\varphi)}{\partial\varphi}\right\} \quad (3.3)$$

herangezogen werden.

Dann lautet der Spannungszustand im Gebiet Ω_{I}

$$
\begin{aligned}
\sigma_{rr\mathrm{I}} = M \Bigg\{ 1 - \frac{\varrho_1^2}{r_2^2} \Bigg(& \frac{r_2^2 (r_2^2 + 2\, s^2) - 2\, s^2 r^2}{r_2^4 + s^2 r^2 - 2\, r_2^2\, s\, r \cos\varphi} + \frac{-\, r_2^2 s^2 (r_2^2 + s^2)\, r^2 + s^4 r^4 + r_2^6 s^2 \cos 2\varphi}{[r_2^4 + s^2 r^2 - 2\, r_2^2\, s\, r \cos\varphi]^2} + \\
& + 2\, \frac{[r_2^{10} s^2 - r_2^6 s^2 (r_2^2 + s^2)\, r^2 + r_2^4 s^4 r^4]\, [-\, 1 + \cos 2\varphi]}{[r_2^4 + s^2 r^2 - 2\, r_2^2\, s\, r \cos\varphi]^3} \Bigg) \Bigg\},
\end{aligned} \tag{3.4}
$$

$$
\begin{aligned}
\sigma_{\varphi\varphi\mathrm{I}} = {} & M \Bigg\{ 1 - \frac{\varrho_1^2}{r_2^2} \Bigg(\frac{r_2^2 (r_2^2 + 2\, s^2) - 6\, s^2 r^2}{r_2^4 + s^2 r^2 - 2\, r_2^2\, s\, r \cos\varphi} + \\
& + \frac{-\, r_2^2 s^2 (5\, r_2^2 + 7\, s^2)\, r^2 + 9\, s^4 r^4 + 4 \cos\varphi\, [r_2^4\, s\, (r_2^2 + 2\, s^2)\, r - 2\, r_2^2 s^3 r^3] - r_2^6 s^2 \cos 2\varphi}{[r_2^4 + s^2 r^2 - 2\, r_2^2\, s\, r \cos\varphi]\; q^2} - \\
& - \frac{2}{[r_2^4 + s^2 r^2 - 2\, r_2^2\, s\, r \cos\varphi]^3} \big[r_2^{10} s^2 - r_2^6 s^2 (r_2^2 - s^2)\, r^2 - r_2^2 s^4 (r_2^2 + 2\, s^2)\, r^4 + 2\, s^6 r^6 - \\
& - 4 \cos\varphi\, [r_2^8 s^3 r - r_2^4 s^3 (r_2^2 + s^2)\, r^3 + r_2^2 s^5 r^5] + \\
& + \cos 2\varphi\, [r_2^{10} s^2 - r_2^6 s^2 (r_2^2 + s^2)\, r^2 + r_2^4 s^4 r^4] \big] \Bigg) \Bigg\},
\end{aligned} \tag{3.5}
$$

$$
\begin{aligned}
\sigma_{r\varphi\mathrm{I}} = {} & M \frac{\varrho_1^2}{r_2^2} \Bigg\{ \frac{2 \sin\varphi\, [-\, r_2^4\, s\, (r_2^2 + 2\, s^2)\, r + 2\, r_2^2 s^3 r^3] + r_2^6 s^2 \sin 2\varphi}{[r_2^4 + s^2 r^2 - 2\, r_2^2\, s\, r \cos\varphi]^2} - \\
& - 2\, \frac{2 \sin\varphi\, [r_2^8 s^3 r - r_2^4 s^3 (r_2^2 + s^2)\, r^3 + r_2^2 s^5 r^5] - \sin 2\varphi\, [r_2^{10} s^2 - r_2^6 s^2 (r_2^2 + s^2)\, r^2 + r_2^4 s^4 r^4]}{[r_2^4 + s^2 r^2 - 2\, r_2^2\, s\, r \cos\varphi]^3} \Bigg\}
\end{aligned} \tag{3.6}
$$

und im Gebiet Ω_{II}

$$
\begin{aligned}
\sigma_{rr\mathrm{II}} = M \frac{\varrho_1^2}{r_2^2} \Bigg\{ & \frac{r_2^2}{r^2 + s^2 - 2\, s\, r \cos\varphi} - \frac{r_2^2 s^2 [1 - \cos 2\varphi]}{[r^2 + s^2 - 2\, s\, r \cos\varphi]^2} - \\
& - \frac{r_2^2 (r_2^2 + 2\, s^2) - 2\, s^2 r^2}{r_2^4 + s^2 r^2 - 2\, r_2^2\, s\, r \cos\varphi} + \frac{r_2^2 s^2 (r_2^2 + s^2)\, r^2 - s^4 r^4 - r_2^6 s^2 \cos 2\varphi}{[r_2^4 + s^2 r^2 - 2\, r_2^2\, s\, r \cos\varphi]^2} - \\
& - 2\, \frac{[-\, r_2^{10} s^2 + r_2^6 s^2 (r_2^2 + s^2)\, r^2 - r_2^4 s^4 r^4]\, [1 - \cos 2\varphi]}{[r_2^4 + s^2 r^2 - 2\, r_2^2\, s\, r \cos\varphi]^3} \Bigg\},
\end{aligned} \tag{3.7}
$$

$$
\begin{aligned}
\sigma_{\varphi\varphi\mathrm{II}} = {} & M \frac{\varrho_1^2}{r_2^2} \Bigg\{ \frac{r_2^2}{r^2 + s^2 - 2\, s\, r \cos\varphi} - 2\, \frac{r_2^2 [r - s \cos\varphi]^2}{[r^2 + s^2 - 2\, s\, r \cos\varphi]^2} - \frac{r_2^2 (r_2^2 + 2\, s^2) - 6\, s^2 r^2}{r_2^4 + s^2 r^2 - 2\, r_2^2\, s\, r \cos\varphi} \\
& + \frac{r_2^2 s^2 (5\, r_2^2 + 7\, s^2)\, r^2 - 9\, s^4 r^4 + 4 \cos\varphi\, [-\, r_2^4\, s\, (r_2^2 + 2\, s^2)\, r + 2\, r_2^2 s^3 r^3] + r_2^6 s^2 \cos 2\varphi}{[r_2^4 + s^2 r^2 - 2\, r_2^2\, s\, r \cos\varphi]^2} \\
& - \frac{2}{[r_2^4 + s^2 r^2 - 2\, r_2^2\, s\, r \cos\varphi]^3} \big[-\, r_2^{10} s^2 + r_2^6 s^2 (r_2^2 - s^2)\, r^2 + r_2^2 s^4 (r_2^2 + 2\, s^2)\, r^4 - \\
& - 2\, s^6 r^6 + 4 \cos\varphi\, [r_2^8 s^3 r - r_2^4 s^3 (r_2^2 + s^2)\, r^3 + r_2^2 s^5 r^5] - \\
& - \cos 2\varphi\, [r_2^{10} s^2 - r_2^6 s^2 (r_2^2 + s^2)\, r^2 + r_2^4 s^4 r^4] \big] \Bigg\},
\end{aligned} \tag{3.8}
$$

$$\sigma_{r\varphi\,\mathrm{II}} = M \frac{\varrho_1^2}{r_2^2} \left\{ \frac{2\,r_2^2\,s\,r \sin\varphi - r_2^2\,s^2 \sin 2\,\varphi}{[r^2 + s^2 - 2\,s\,r\cos\varphi]^2} + \right.$$

$$+ \frac{2 \sin\varphi\,[-\,r_2^4\,s\,(r_2^2 + 2\,s^2)\,r + 2\,r_2^2\,s^3\,r^3] + r_2^6\,s^2 \sin 2\,\varphi}{[r_2^4 + s^2\,r^2 - 2\,r_2^2\,s\,r\cos\varphi]^2} -$$

$$\left. -\,2\,\frac{2\sin\varphi\,[r_2^8\,s^3\,r - r_2^4\,s^3\,(r_2^2 + s^2)\,r^3 + r_2^2\,s^5\,r^5] - \sin 2\,\varphi\,[r_2^{10}\,s^2 - r_2^6\,s^2\,(r_2^2 + s^2)\,r^2 + r_2^4\,s^4\,r^4]}{[r_2^4 + s^2\,r^2 - 2\,r_2^2\,s\,r\cos\varphi]^3} \right\} \tag{3.9}$$

mit der Definition

$$M = \frac{\bar{E}}{2\,(\bar{\nu} - 1)}\,[\varkappa\,T]_{\varrho = \varrho_1}\,. \tag{3.10}$$

Im Spezialfall (2.22) stellen die Formeln (3.4) bis (3.9) die exakten Ausdrücke für die in den Gebieten Ω_ι ($\iota = \mathrm{I, II}$) existierenden Spannungsfelder dar. Dabei ist ersichtlich, daß infolge der exzentrischen Lage der Diskontinuitätsfläche Γ_1 die erhaltenen analytischen Ausdrücke für den Spannungszustand erheblich komplizierter sind als bei konzentrischer Lage von Γ_1. Es läßt sich jedoch durch eine leichte Rechnung sofort zeigen, daß unter den Voraussetzungen des bereits erwähnten Spezialfalles die Formeln (3.4) bis (3.9) in die entsprechenden Formeln (I), (5.9) bis (5.11) und (I), (5.13) bis (5.15) bei konzentrischer Lage der Diskontinuitätsfläche Γ_1 übergehen, wenn in ersteren $s = 0$ gesetzt wird.

Im Gegensatz zu (I) kann das Hauptlinienfeld im betrachteten Spezialfall nur durch graphische Integration nach vorangegangener punktweiser Berechnung der Hauptspannungsrichtung Φ in einem geeignet gewählten Punktgitter gewonnen werden, da eine geschlossene Integration der die Hauptspannungstrajektorien beschreibenden Differentialgleichung (I), (5.29) hoffnungslos ist.

Die Formeln (3.6) und (3.9) gestatten jedoch die Aussage, daß wegen der Gültigkeit der Relation

$$\sigma_{r\varphi\iota} \equiv 0\,; \qquad (\iota = \mathrm{I, II}) \tag{3.11}$$

längs der Geraden $y = 0$ die Symmetrielinie des ebenen Eigenspannungsfeldes eine schubfreie Gerade und damit eine Hauptspannungstrajektorie darstellt. Weiterhin folgt unter Heranziehung der Formeln (I), (5.19) und (I), (5.26) die für jeden Punkt der Symmetrielinie geltende Beziehung

$$\sigma_{1\iota} - \sigma_{2\iota} = \sigma_{rr\iota} - \sigma_{\varphi\varphi\iota}\,; \qquad (\iota = \mathrm{I, II})\,. \tag{3.12}$$

Bei vorausgesetzter Existenz kann somit schließlich die Lage der auf der Symmetrielinie gelegenen isotropen Punkte, die durch

$$\sigma_{1\iota} - \sigma_{2\iota} = 0 \quad \text{mit} \quad \sigma_{1\iota} = \sigma_{2\iota} \neq 0\,; \qquad (\iota = \mathrm{I, II}) \tag{3.13}$$

definiert sind, ermittelt werden, indem man anhand einer numerischen Rechnung die Nullstellen des Ausdruckes (3.12) für die Hauptspannungsdifferenz auf der Symmetrielinie aufsucht.

Dabei lautet bei Einführung der dimensionslosen Variablen $\frac{r}{r_2} = \bar{r}$, $\frac{s}{r_2} = \bar{s}$ die Normalspannungsdifferenz $\sigma_{rr\iota} - \sigma_{\varphi\varphi\iota}$ ($\iota = \mathrm{I, II}$) im Gebiet Ω_{I}

$$\sigma_{rr\mathrm{I}}(\bar r,\varphi)-\sigma_{\varphi\varphi\mathrm{I}}(\bar r,\varphi)=2\,M\,\frac{\varrho_1^2}{r_2^2}\left\{\frac{-2\,\bar s^2\,\bar r^2}{1+\bar s^2\,\bar r^2-2\,\bar s\,\bar r\cos\varphi}-\frac{1}{[1+\bar s^2\,\bar r^2-2\,\bar s\,\bar r\cos\varphi]^2}\times\right.$$

$$\times\left([2\,\bar s^2+3\,\bar s^4]\,\bar r^2-4\,\bar s^4\,\bar r^4-2\cos\varphi\,[(\bar s+2\,\bar s^3)\,\bar r-2\,\bar s^3\,\bar r^3]+\bar s^2\cos 2\,\varphi\right)+$$

$$+\frac{2}{[1+\bar s^2\,\bar r^2-2\,\bar s\,\bar r\cos\varphi]^3}\left(-\bar s^4\,\bar r^2+[\bar s^4+\bar s^6]\,\bar r^4-\bar s^6\,\bar r^6+2\cos\varphi\,\times\right.$$

$$\left.\left.\times\,[\bar s^3\,\bar r-(\bar s^3+\bar s^5)\,\bar r^3+\bar s^5\,\bar r^5]+\cos 2\,\varphi\,[-\bar s^2+(\bar s^2+\bar s^4)\,\bar r^2-\bar s^4\,\bar r^4]\right)\right\} \tag{3.14}$$

und im Gebiet Ω_{II}

$$\sigma_{rr\mathrm{II}}(\bar r,\varphi)-\sigma_{\varphi\varphi\mathrm{II}}(\bar r,\varphi)=2\,M\,\frac{\varrho_1^2}{r_2^2}\left\{\frac{\bar r^2-2\,\bar s\,\bar r\cos\varphi+\bar s^2\cos 2\,\varphi}{[\bar r^2+\bar s^2-2\,\bar s\,\bar r\cos\varphi]^2}-\right.$$

$$-\frac{2\,\bar s^2\,\bar r^2}{1+\bar s^2\,\bar r^2-2\,\bar s\,\bar r\cos\varphi}-\frac{1}{[1+\bar s^2\,\bar r^2-2\,\bar s\,\bar r\cos\varphi]^2}\times$$

$$\times\left([2\,\bar s^2+3\,\bar s^4]\,\bar r^2-4\,\bar s^4\,\bar r^4-2\cos\varphi\,[(\bar s+2\,\bar s^3)\,\bar r-2\,\bar s^3\,\bar r^3]+\bar s^2\cos 2\,\varphi\right)+$$

$$+\frac{2}{[1+\bar s^2\,\bar r^2-2\,\bar s\,\bar r\cos\varphi]^3}\left(-\bar s^4\,\bar r^2+[\bar s^4+\bar s^6]\,\bar r^4-\bar s^6\,\bar r^6+2\cos\varphi\,\times\right.$$

$$\left.\left.\times\,[\bar s^3\,\bar r-(\bar s^3+\bar s^5)\,\bar r^3+\bar s^5\,\bar r^5]+\cos 2\,\varphi\,[-\bar s^2+(\bar s^2+\bar s^4)\,\bar r^2-\bar s^4\,\bar r^4]\right)\right\}. \tag{3.15}$$

Im Gegensatz zu den im Innern des ebenen Eigenspannungsfeldes gelegenen schubfreien Punkten sind jedoch auf dem freien Rand Γ_2 isotrope Punkte ausgeschlossen, da auf Grund des Verschwindens der zu Γ_2 normalen Hauptspannung $\sigma_{2\,\mathrm{II}}$ die Relation (3.13) für $\iota = \mathrm{II}$ nicht befriedigt werden könnte. Es können jedoch auch auf der äußeren Begrenzung Γ_2 des ebenen Eigenspannungsfeldes schubfreie Punkte existieren, und zwar die durch die Relation

$$\sigma_{1\,\mathrm{II}}=\sigma_{2\,\mathrm{II}}=0 \tag{3.16}$$

definierten sogenannten singulären Punkte. Bei vorausgesetzter Existenz wird ihre Lage auf dem Rand Γ_2 mittels der Formeln (I), (5.32) bis (5.34) bzw. bei Beachtung der Randbedingungen (1.4), (1.5) durch die Wurzeln der Gleichung

$$\bar s^4-4\,\bar s^3\cos\varphi+4\,\bar s^2-1=0 \tag{3.17}$$

wiedergegeben.

Im folgenden ist als Anwendungsbeispiel die Lage der singulären Punkte auf dem Rand Γ_2 für den Fall $\frac{\varrho_1}{r_2}=0{,}25$ berechnet worden, wobei der Parameter $\bar s$ noch im Intervall $0<\bar s\leqq 0{,}75$ mit der Schrittweite $\Delta\bar s=0{,}05$ variiert wurde. Für das gewählte Beispiel zeigt nun die Rechnung, daß für $0<\bar s\leqq 0{,}40$ keine singulären Punkte auf dem Rand Γ_2 vorhanden sind. Für $0{,}45\leqq\bar s\leqq 0{,}75$ dagegen treten singuläre Punkte auf, und zwar auf Grund der Symmetrie des ebenen Eigenspannungsfeldes zu jedem Wert $\bar s$ des Intervalles jeweils zwei symmetrisch zur schubfreien Geraden $y=0$ gelegene singuläre Punkte P_s bzw. $\bar P_s$.

In der Abbildung 2 ist die Lage der singulären Punkte mit $\varphi_s>0°$ in Abhängigkeit vom Parameter $\bar s$ dargestellt worden.

Würden nun im Falle des gerechneten Beispieles auch noch Parameterwerte $\bar{s} > 0{,}75$ zugelassen, so wäre als Folge das Gebiet Ω_{I} nicht mehr vollständig von dem Gebiet Ω_{II} umgeben. Es ist dann zu erwarten, daß in Analogie zum Falle homogenen Materials[1]) zusätzlich zu den oben ermittelten „natürlichen" Singularitäten des ebenen Eigenspannungsfeldes auch noch sogenannte „erzwungene" Singularitäten auf dem freien Rand Γ_2 auftreten. Dabei wird in den letztgenannten Singularitäten die tangentiale Randspannung $\sigma_{\varphi\varphi\mathrm{II}}$ von höherer als logarithmischer Ordnung unendlich. Im Abschnittsfall, d. h. für $\varrho_1 \to \infty$,

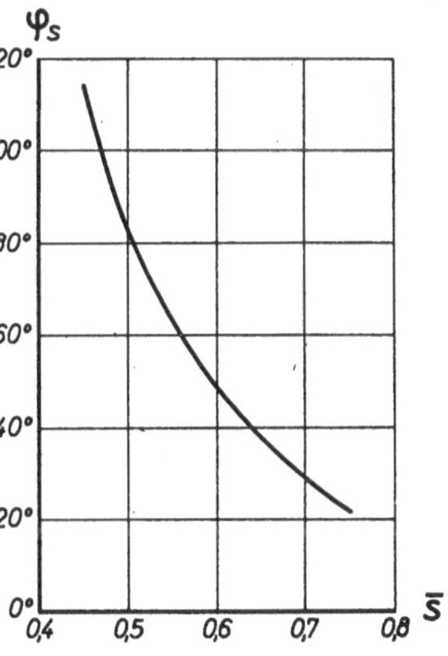

Abb. 2. Lage der singulären Punkte mit $\varphi_s > 0°$ auf dem Rand Γ_2 in Abhängigkeit vom Parameter $\bar{s}$

besitzt dagegen die tangentiale Randspannung $\sigma_{\varphi\varphi\mathrm{II}}$ als erzwungene Singularitäten lediglich solche von logarithmischer Ordnung. Für homogenes Material und bei Annahme eines etwas spezielleren Wärmeschocks als in (1.1) ist für diesen Fall die Verteilung der natürlichen und erzwungenen Singularitäten in der Arbeit (I), [13] zu finden. In der zitierten Arbeit wird auch auf die physikalische Bedeutung der erzwungenen Singularitäten für das Problem der „thermal crack propagation" eingegangen.

Dr. Klaus Herrmann,
Martin-Luther-Universität
Halle-Wittenberg,
Sektion Physik,
Fachbereich Theoretische Physik,
Halle (Saale), Friedemann-Bach-Platz 6

1) Vgl. [3], S. 532.

Literatur

[1] Frank-Mises, Die Differential- und Integralgleichungen der Mechanik und Physik. New York und Braunschweig, Dover Publications, Inc. und Friedrich Vieweg & Sohn, Bd. I, 2. Auflage, 1961.
[2] Schmidt, H., Ein Beitrag zur Theorie der Biegung homogener Kreisplatten. Ing.-Archiv **1** (1930) 147–157.
[3] Hieke, M., Frischbier, R., Der Einfluß der Lage von Eigenspannungsquellen. Wiss. Z. Univ. Halle **XI' 62** M (1962) 525–533.

Eine spannungsoptische Mikroskop-Einrichtung zur Auswertung von Schnitten der räumlichen Spannungsoptik und ihr Einsatz auf anderen Gebieten der Spannungs- und Dehnungsanalyse

R. Meyer

Einleitung

Am Institut für Angewandte Mechanik (jetzt Lehrbereich Mechanik der Sektion Maschinen-Bauelemente) der Technischen Hochschule Karl-Marx-Stadt wurde im Rahmen der Industrieforschung eine Reihe von Trieben kreisbogenverzahnter Kegelräder mit Hilfe des Einfrierverfahrens spannungsoptisch untersucht. Die Ermittlung der Zahnfußspannungen und der Lastverteilung längs der Berührungslinie der im Eingriff stehenden Zahnpaare erfolgte nach der in der Dissertation von Heymann [1] angewendeten Methode. Die Ermittlung der Isochromatenordnung im Zahngrund und an der Berührungsstelle der Zahnpaare wurde bei [1] mit Hilfe eines geeigneten Fernrohres durchgeführt. Der auf eine Dicke von etwa 3 mm gefräste Schnitt befand sich in einer Schwenkvorrichtung, die in einem Immersionstrog stand. Zur Ermittlung der beiden Hauptspannungen und des Winkels zwischen Schnittebene und Hauptspannungsebene am Zahnfuß und an der Berührungsstelle der Zahnpaare wurde die Methode der schiefen Durchstrahlung der Modellschnitte angewendet.

Der mit der Auswertung beauftragte Mitarbeiter mußte dabei das Drehen des Analysators in Kompensationsstellung und das Schwenken des Schnittes zur schiefen Durchstrahlung an der spannungsoptischen Bank vornehmen, um dann jeweils zum Fernrohr zurückzugehen und die Isochromaten auszuzählen.

1. Problemstellung

Die relativ große Anzahl der zu untersuchenden Schnitte veranlaßte uns, nach einer rationelleren Auswertetechnik zu suchen, um so schnell wie möglich die Forschungsergebnisse liefern zu können.

2. Aufbau der spannungsoptischen Mikroskop-Einrichtung

Eine Lösung wurde gefunden, indem an ein Zeiss-Meßmikroskop ein Viertelwellenplättchen und ein drehbarer Polarisationsfilter angebaut wurden. Weiterhin wurde die Optik des Mikroskops auf dem Mikroskoptisch befestigt, damit das Fadenkreuz entlang einer Meßstrecke bewegt werden kann.

Die gesamte Einrichtung wurde so gestaltet, daß eine ganze Versuchsreihe ausgewertet werden konnte, ohne daß der Mitarbeiter von seinem Platz aufstehen mußte, um Einstellarbeiten durchzuführen.

Abb. 1 zeigt den Aufbau der Mikroskop-Einrichtung als Foto und Abb. 2 in einer Prinzipskizze.

An einem Auswertetisch sind je eine Lichtquelle mit weißem und monochromatischem Licht, ein schwenkbarer Spiegel und ein Polarisationsfilter, kombiniert mit einem ausschwenkbaren Viertelwellenplättchen, befestigt. Mit Hilfe des schwenkbaren Spiegels wird wahlweise das weiße oder das monochromatische Licht in den Strahlengang gebracht. Für die Ermittlung der Isochromatenordnung an den Kegelradschnitten wird vorzugsweise mit der

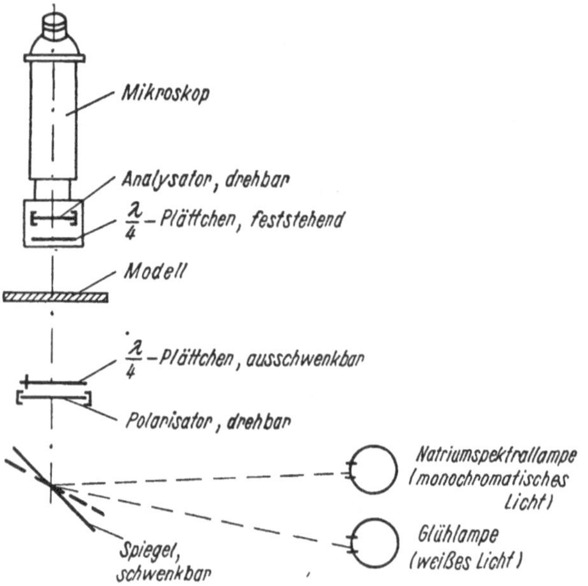

Abb. 2. Prinzipskizze der Mikroskop-Einrichtung

Kompensationsmethode nach Sénarmont gearbeitet. Das Viertelwellenplättchen über dem Polarisator ist dabei ausgeschwenkt. Der drehbare Analysator am Mikroskop ist in zweimal 10 Skalenteile eingeteilt, um das Ablesen von Zehntelordnungen zu ermöglichen.

Soll die Mikroskop-Einrichtung für zirkular polarisiertes Licht eingestellt werden, dann wird mit Hilfe der Vorrichtung in Abb. 3 mit einem Handgriff ein Viertelwellenplättchen eingeschwenkt und gleichzeitig der Polarisator um 45° gedreht. Danach wird der Analysator am Mikroskop um 45° nach rechts bzw. links nachgestellt, um Dunkelfeld bzw. Hellfeld im Sichtbereich zu erhalten.

Das Modell, z. B. der Zahnradschnitt, wird in eine speziell für die beschriebene Einrichtung entwickelte Schwenkvorrichtung geklemmt, wobei die Schwenkachse in Übereinstimmung mit dem Fadenkreuz des Mikroskops rechtwinklig zur Tangente an das Isochromatenmaximum und etwa durch die halbe Schnittdicke verläuft. Abb. 4 zeigt die Schwenkvorrichtung mit Schnitt und Immersionsflüssigkeit in einer Glasschale.

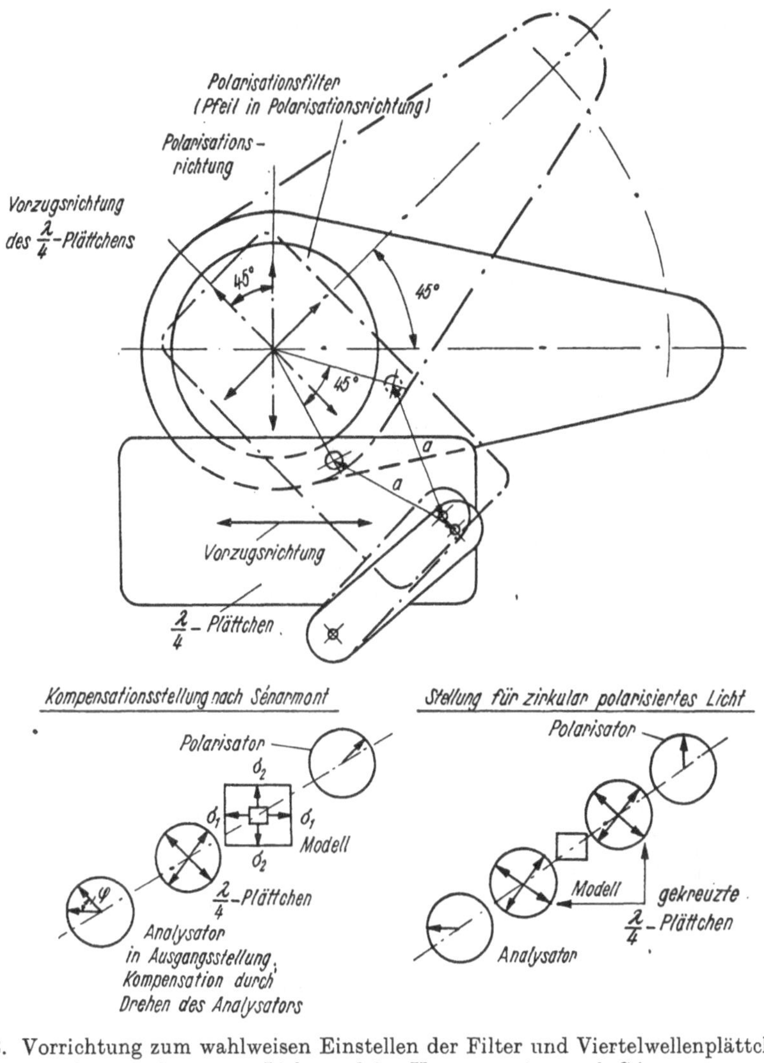

Abb. 3. Vorrichtung zum wahlweisen Einstellen der Filter und Viertelwellenplättchen für zirkular polarisiertes Licht und für Kompensation nach SÉNARMONT

3. Auswertung der Zahnradschnitte

Abb. 5 zeigt den spannungsoptischen Schnitt eines kreisbogenverzahnten Kegelrades. Dabei soll die Isochromatenordnung im eingezeichneten Bereich des Zahngrundes bestimmt werden. Abb. 6 zeigt Ausschnitt C des Schnittes im Fernrohr, mit dessen Hilfe die Schnitte bei [1] ausgewertet wurden. Abb. 7 zeigt Ausschnitt A bei senkrechter Durchstrahlung, Abb. 8 den Ausschnitt A bei schiefer Durchstrahlung (Schnitt um 30° geschwenkt) und Abb. 9 den Ausschnitt A bei schiefer Durchstrahlung in Kompensationsstellung.

Die Abbildungen 10 und 11 zeigen das Isochromatenmaximum an der Berührungsstelle der Zahnpaare bei senkrechter Durchstrahlung und bei senkrechter Durchstrahlung in Kompensationsstellung. Der im Bild eingezeichnete und für die analytische Auswertung erforderliche Abstand *a* wird dabei mit dem Meßmikroskop gemessen.

Abb. 12 zeigt die Mikroskop-Einrichtung in Arbeitsstellung zur Auswertung der Kegelradschnitte.

4. Weitere Einsatzmöglichkeiten für die Einrichtung

4.1. Die Auswertung von Eichstäben für das Einfrierverfahren

Die Mikroskop-Einrichtung wird mit Erfolg zur Auswertung der Eichstäbe für das Einfrierverfahren verwendet.

Abb. 13 zeigt die Mikroskop-Aufnahme eines auf reine Biegung beanspruchten Eichstabes (Abb. 14).

Durch Vermessen der Isochromatenabstände und durch Extrapolation nach den Eichstabrändern hin lassen sich schnell und bequem die oft durch Kompensation infolge Randstörungen nicht exakt zu erhaltenden Werte ermitteln, ohne den Umweg über das Fotografieren des Eichstabes und die anschließende Auswertung des Fotos gehen zu müssen.

4.2. Die Auswertung von Eichstäben aus modifizierten Epoxidharzen

Zur Bestimmung des Elastizitätsmoduls, der Querdehnzahl und der spannungsoptischen Konstanten von modifizierten Epoxidharzen nach Heymann [2] sind mit gutem Erfolg auf reinen Zug belastete Eichstäbe verwendet worden. Abb. 15 zeigt einen solchen Eichstab, der mit Meßpunkten versehen ist, auf dem Auswertetisch. Der Abstand der Meßpunkte wird in Zugrichtung und quer dazu im belasteten und unbelasteten Zustand mit Hilfe des Meßmikroskops gemessen. Besonderen Vorteil bietet dabei die überlagerte Bewegungsmöglichkeit des Fadenkreuzes. Während die rechts befindliche Skalentrommel auf Null steht, wird mit Hilfe der links befindlichen Meßschraube das Fadenkreuz als Tangente an den Meßpunkt gelegt. Die Polarisationseinrichtung gestattet nun gleichzeitig die Ermittlung der Isochromatenordnung bei aufgebrachter Last, woraus die spannungsoptische Konstante des Werkstoffes berechnet wird.

4.3. Der Meßmikroskop-Aufsatz für Dehngittermessungen

Abb. 16 zeigt den abgenommenen Meßmikroskop-Aufsatz beim Vermessen des Dehngitters an einem Gummimodell, wie es in den Arbeiten von Vocke, Müller und Ullmann beschrieben wurde [3 bis 7]. Zur Ermittlung des Randdehnungsverlaufes an Gummimodellen von Kraftmaschinengehäuseteilen wurden nach der bisher angewendeten Methode die auf das Modell aufgebrachten Dehngitter und Meßpunkte im belasteten und unbelasteten Zustand flächenstückweise fotografiert und die Fotonegative mit einem Meßmikroskop ver-

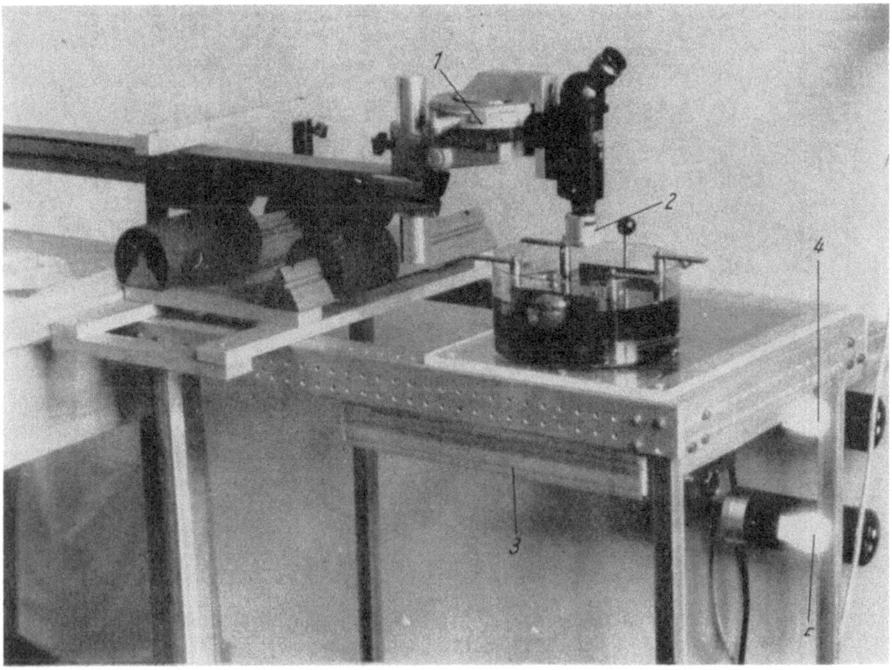

Abb. 1. Gesamtansicht der spannungsoptischen Mikroskop-Einrichtung. 1 Mikroskoptisch mit überlagerter Bewegungsmöglichkeit des Tisches, 2 drehbarer Analysator mit Skala sowie Viertelwellenplättchen, 3 abnehmbare Einheit mit Polarisator und schwenkbarem Viertelwellenplättchen und Spiegel, 4 monochromatisches Licht, 5 weißes Licht

Abb. 4. Schwenkvorrichtung mit Modellschnitt in einer Glasschale mit Immersionsflüssigkeit

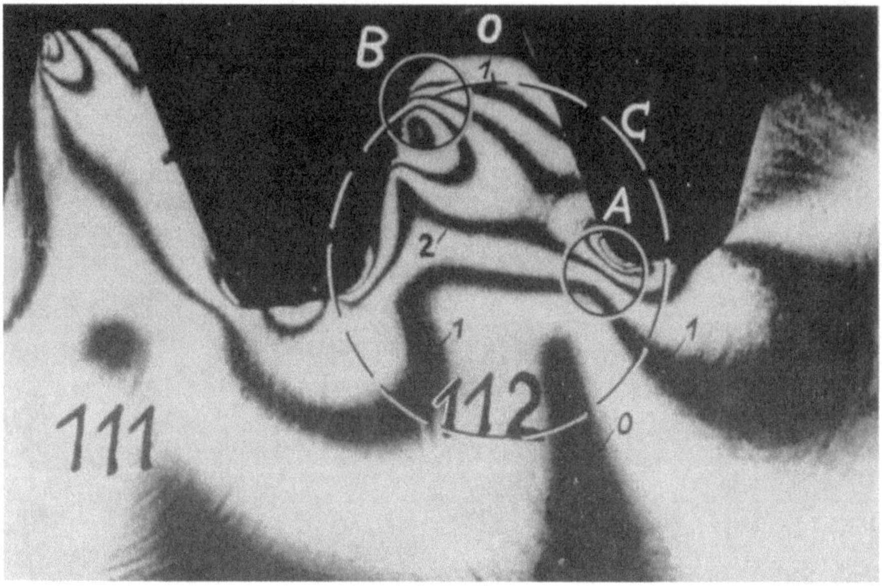

Abb. 5. Modellschnitt aus einem Kegelrad mit Kreisbogenverzahnung mit Bezeichnung der Ausschnitte *A*, *B* und *C*

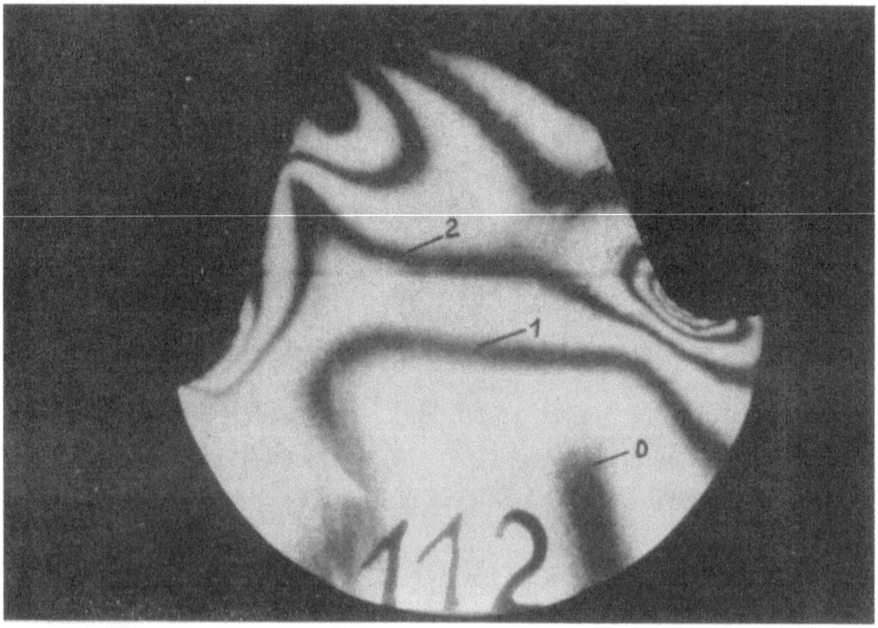

Abb. 6. Fernrohraufnahme von Ausschnitt *C* des Modellschnittes aus dem Kegelrad mit Kreisbogenverzahnung

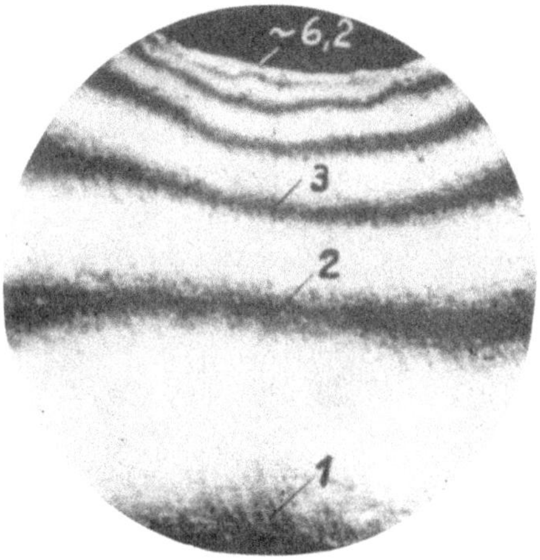

Abb. 7. Ausschnitt *A* bei senkrechter Durchstrahlung

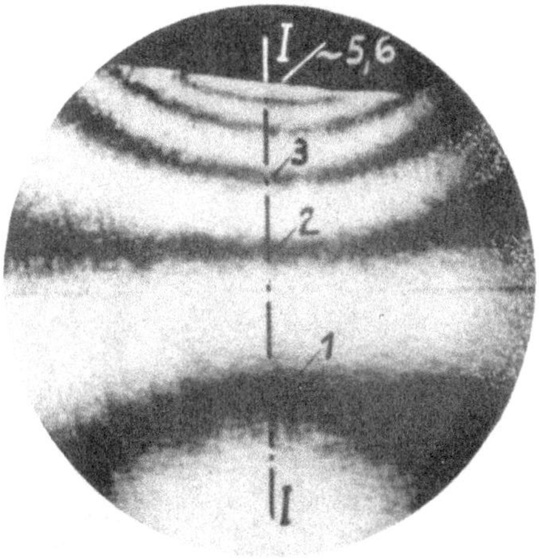

Abb. 8. Ausschnitt *A* bei schiefer Durchstrahlung (Schnitt um 30° geschwenkt)

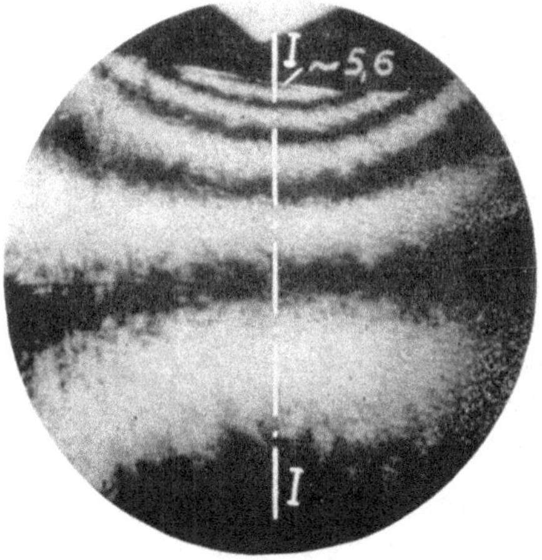

Abb. 9. Ausschnitt *A* bei schiefer Durchstrahlung in Kompensationsstellung

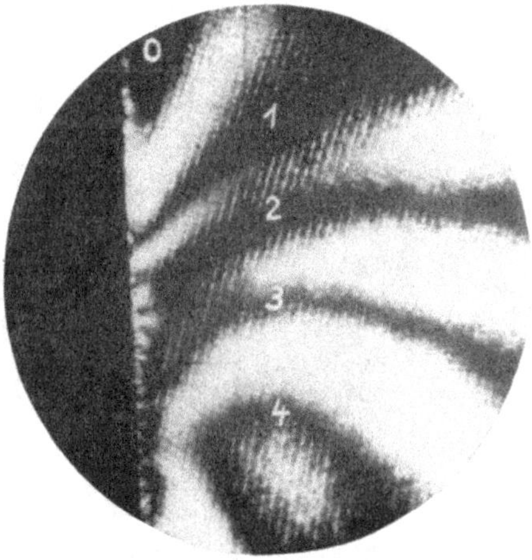

Abb. 10. Isochromatenmaximum an der Berührungsstelle der Zahnpaare bei senkrechter Durchstrahlung

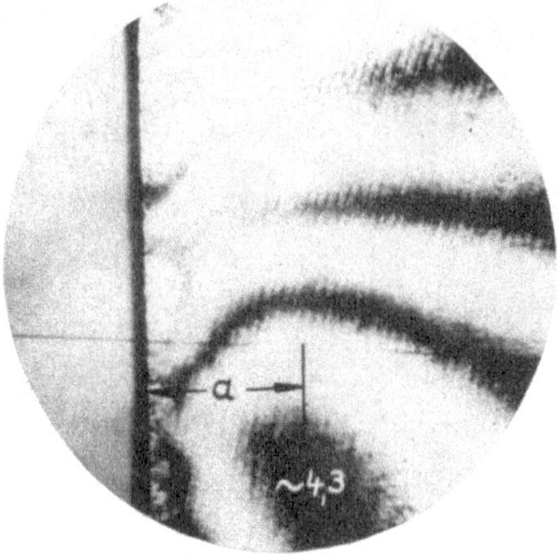

Abb. 11. Isochromatenmaximum an der Berührungsstelle der Zahnpaare bei senkrechter Durchstrahlung in Kompensationsstellung

Abb. 12. Die Mikroskop-Einrichtung in Arbeitsstellung zur Auswertung der Kegelradschnitte

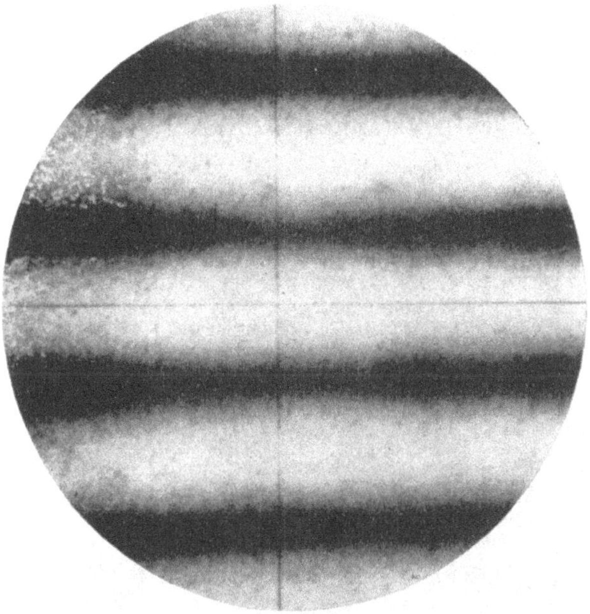

Abb. 13. Mikroskop-Aufnahme eines auf reine Biegung beanspruchten Eichstabes

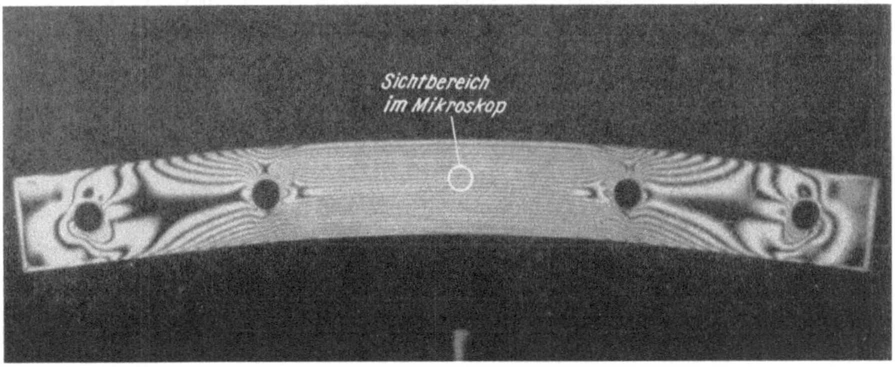

Abb. 14. Ein auf Biegung beanspruchter Eichstab

Abb. 15. Mikroskop-Einrichtung in Arbeitsstellung zur Vermessung eines Eichstabes aus modifiziertem Epoxidharz

Abb. 16. Meßmikroskop-Aufsatz bei der Dehngittermessung an einem Gummimodell

messen. Durch den Einsatz der beschriebenen Einrichtung wurde erfolgreich der Versuch unternommen, die aufgebrachten Dehngitter zu vermessen, um den Umweg über die Fotonegative und die damit verbundenen Fehlerquellen auszuschalten.

5. Schlußbetrachtungen

Die beschriebene spannungsoptische Mikroskop-Einrichtung ist ein Versuchsaufbau, der entwickelt wurde, um die Auswertungsarbeiten, die oben im einzelnen beschrieben wurden, zu rationalisieren und die Genauigkeit der Auswertung nach Möglichkeit zu erhöhen.

Der Vorteil des Einsatzes dieser Mikroskop-Einrichtung liegt im geringeren Arbeitsaufwand infolge der handlichen und bequemen Bedienungsweise der Einrichtung und in der erleichterten Auffindbarkeit der Ordnungszahlen durch Zuhilfenahme des Fadenkreuzes beim Auszählen. Die Auswertezeit wurde dadurch auf mindestens die Hälfte der nach dem alten Verfahren benötigten Zeit reduziert. Ein besonderer Vorteil besteht darin, daß in Zweifelsfällen durch Vermessen der Isochromatenabstände eine Extrapolation der Isochromatenordnung nach dem Rande hin durchgeführt werden kann.

Unsere Untersuchungen mit dem verwendeten Meßmikroskop ergaben, daß bei einer Dicke der spannungsoptischen Schnitte von 2,5···3 mm die Isochromatenordnungen im Zahngrund in Übereinstimmung mit der Verwendung des Fernrohres bei [1] ermittelt werden konnten. Es wurde stets darauf geachtet, daß die Ablesung in der Nähe des Fadenkreuzes vorgenommen wurde.

Es wurde festgestellt, daß durch Wahl einer höheren Vergrößerung im Mikroskop die Isochromaten höherer Ordnung nur durch Nachstellen scharf eingestellt werden konnten. Aus diesem Grunde wählten wir die Vergrößerung so, daß alle Isochromaten bis etwa zur 7. Ordnung auf annähernd einer Schärfeebene lagen. Da höhere Ordnungen beim Einfrierverfahren infolge des relativ geringen Elastizitätsmoduls mit stärkeren Verformungen verbunden sind und deshalb vermieden wurden, hat sich das Verfahren für die Belange der Industrieforschung bewährt.

An diesem Beispiel sollte gezeigt werden, daß es durch Rationalisierung zeitaufwendiger Auswertungsarbeit möglich ist, die Bearbeitungszeit bestimmter Forschungsaufträge bei gleichzeitiger Steigerung der Genauigkeit zu senken.

An dieser Stelle möchte ich meinem Lehrer, Herrn Prof. Dr. HEYMANN, für die Förderung meiner Arbeit beim Bau dieser Einrichtung meinen Dank aussprechen.

ROLAND MEYER,
Technische Hochschule Karl-Marx-Stadt,
Sektion Maschinen-Bauelemente,
Lehrbereich Mechanik

Literatur

[1] HEYMANN, J., Spannungsoptische Untersuchung eines kreisbogenverzahnten Kegelradtriebes. Diss. TH Karl-Marx-Stadt 1963.

[2] HEYMANN, J., Eine Verbindung der Spannungsoptik mit der Dehnungsgittermethode. Habilitationsschrift TH Karl-Marx-Stadt 1966. Schriftenr. Inst. Mathem. Dtsch.

Akad. Wiss. Berlin, Reihe B, Heft 7, Beiträge zur Spannungs- und Dehnungsanalyse **V** (1968) 33–71.

[3] VOCKE, W., Festigkeitslehre mit Gummimodellen. Maschinenbautechnik **8** (1959) 364–365.

[4] VOCKE, W., Spannungsermittlung an Kraftmaschinenteilen mit Hilfe der Gummimodellmethode. Maschinenbautechnik **12** (1963) 59–62.

[5] MÜLLER, E., Probleme der Gummimodelltechnik. Maschinenbautechnik **14** (1965) 73–76.

[6] ULLMANN, K., Die Gummimodellmethode zur Untersuchung von Stäben bei verschiedenen Belastungen. Maschinenbautechnik **14** (1965) 9–12.

[7] ULLMANN, K., Experimentelle Untersuchungen zur Flächenpressung in den Teilfugen von Turbinengehäuseflanschen. Maschinenbautechnik **14** (1965) 571–575.

Anwendung des Moiréeffektes zur experimentellen Dehnungsanalyse[1])

K. Ullmann

Die Arbeiten von Vocke [1], Müller [2] und die des Verfassers [3] berichten über die Untersuchung komplizierter Bauteile mit Hilfe von Gummimodellen. Das dabei benutzte Dehngitterverfahren erwies sich jedoch als zeitaufwendig, woraus der Wunsch nach einem leistungsfähigen Verfahren entsprang. Mehrere Gründe sprachen für eine Anwendung des Moiréeffektes. Daher wurde das Ziel verfolgt, den Moiréeffekt zur Dehnungsmessung an Gummimodellen anzupassen. Schwierigkeiten bereitete die Herstellung geeigneter Modellraster. Mit der Lösung dieser Aufgabe wurden aber gleichzeitig weitere Anwendungen erschlossen, welche die Dissertationsschrift ebenfalls darstellt.

Da über die Moirétechnik nur einzelne deutschsprachige Arbeiten [5, 6] vorliegen, sind in einem einführenden Kapitel auch bekannte Meßprinzipien aus der ausländischen Literatur aufgeführt und einige Begriffserklärungen gegeben.

Die Entwicklung des Meßverfahrens erforderte natürlich viele organisatorische Bemühungen. Das Bestreben des Verfassers, für die Versuche vornehmlich inländische Erzeugnisse zu verwenden, wurde durch das Entgegenkommen von Industriebetrieben erleichtert. So stellte der VEB Filmfabrik Wolfen Proben seiner Versuchsproduktion zur Verfügung. Der VEB Carl Zeiss Jena stellte in Sonderfertigung die Raster-Originale her. Auch mehrere Institute der Technischen Hochschule leisteten Unterstützung. Das Institut für Längenmeßtechnik übernahm die Messung der Fotolack-Reliefs. Das physikalische Institut stellte eine Hochvakuum-Bedampfungsapparatur bereit. Das Institut für Polygrafische und Papierverarbeitungsmaschinen führte die Rasterdrucke aus.

Den Mitarbeitern der Werkstatt des Institutes für Angewandte Mechanik gebührt Dank für die Fertigung der Versuchseinrichtungen. Seinen verehrten Lehrern, den Herren Professoren Dr. habil. Vocke und Dr. habil. Heymann, dankt der Verfasser für die Anregung zu dieser Arbeit und das fördernde Interesse.

1. Entstehung und experimentelle Nutzung des Moiréeffektes

1.1. Definitionen, Entstehung und Eigenschaften des Moiréeffektes

Im allgemeinen Sprachgebrauch bezeichnet das französische Wort *moiré* den Wasserglanz von Stoffen oder den Metallglanz [7]. Der gleiche Begriff kennzeichnet im Textilwesen bestimmte Gewebe, die durch Licht- und Schatten-

[1]) Dissertation Technische Hochschule Karl-Marx-Stadt 1968.

effekt gemasert oder geädert sind [8]. Die Erscheinung, die beim Aufeinanderlegen von optischen Gittern entsteht, wird ebenfalls Moiré oder Moiréeffekt genannt. F. HOCK [5] definiert wie folgt: ,,Der Begriff Moiréeffekt soll alle die Erscheinungen kennzeichnen, die sich zeigen, wenn ein Lichtstrom nacheinander mindestens zwei periodische Strukturen durchsetzt.''

Es ist klar, daß der Moiréeffekt nach dieser Definition ebenfalls periodisch sein muß. Wenn dieser Effekt als Mittel zur Dehnungsanalyse benutzt wird, kann er im allgemeinen Falle, wie die Dehnungen selbst, nicht periodisch sein. Es folgt daraus, daß mindestens eine der benutzten Strukturen Abweichungen von der Periodizität besitzen muß, hervorgerufen durch den Verzerrungszustand, der analysiert werden soll. A. J. DURELLI [10] gibt eine Methode an, bei der beide Strukturen nicht periodisch sind In jedem Falle liegen ursprünglich periodische Strukturen zugrunde.

Mit folgender Ergänzung gilt dann die obige Definition auch für die Belange der experimentellen Dehnungsanalyse: Der Begriff Moiréeffekt kennzeichnet alle die Erscheinungen, die sich zeigen, wenn ein Lichtstrom nacheinander mindestens zwei Strukturen durchsetzt, die periodisch sind oder gesetzmäßig von der Periodizität abweichen. Periodische Strukturen in diesem Sinne sind die verschiedenen Arten von optischen Gittern und Rastern, deren Elemente — Striche, Punkte, Kreise u. a. — den Lichtwellen bestimmte Amplitudenänderungen erteilen.

Die gegebene Definition kann so gedeutet werden, daß der Lichtstrom beim Passieren der Strukturen durch deren Elemente in Bündel zerlegt wird, die sich in ihrer Amplitude bzw. Intensität unterscheiden. Für das Zustandekommen des Moiréeffektes ist dies jedoch nur eine notwendige Bedingung. Nach dem Passieren der Strukturen muß ein Ausgleich der Intensität über benachbarte Lichtbündel erfolgen. Dies geschieht am einfachsten durch Abbildung auf einem Schirm, der die einzelnen Bündel nicht aufzulösen vermag. Wenn sich die benutzten Strukturen hinsichtlich der Frequenz ihrer Elemente nur gering unterscheiden, entstehen Schwebungen der Lichtintensität oder Moiréeffekte. Als Frequenz der Elemente sei der Kehrwert ihres Abstandes längs einer Wegkoordinate bezeichnet. Falls zwischen dem Betrachter und den Strukturen eine Relativbewegung erfolgt, so sind Frequenz und Schwebung die gewohnten zeitbezogenen Größen. Eine entsprechende Relativbewegung findet bei der Messung der Lichtintensität des Moiréeffektes, Abschn. 2.3., statt. Es ist üblich, den Vorgang, der zur Bildung des Moiréeffektes führt, als *mechanische Interferenz* [11] zu bezeichnen. Zwei typische Moirébilder mögen die Entstehung des Effektes verdeutlichen.

Die verwendeten einfachen Strukturen sind Scharen gerader, paralleler dunkler Linien auf hellem Untergrund mit konstantem Abstand bzw. Teilung p. Abb. 1 zeigt die Überlagerungsfigur von zwei solchen Scharen mit gleicher Teilung, die um einen kleinen Winkel α gegeneinander geneigt sind. Die im Abstand l verlaufenden hellen und dunklen Moirés werden erst dann als zusammenhängende Streifen erkannt, wenn das Blatt aus einer Entfernung betrachtet wird, in der die Netzhaut des Auges die einzelnen Striche nicht mehr getrennt auflöst.

Abb. 2 zeigt die Überlagerung von zwei zueinander parallelen Scharen mit wenig verschiedener Teilung. Dunkle Moirés entstehen, wenn die dunklen

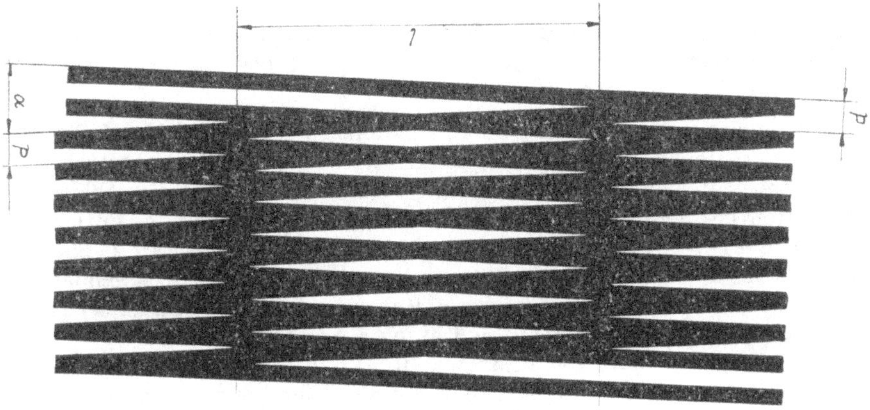

Abb. 1. Moiréstreifen, erzeugt durch Verdrehen von zwei Linienscharen gleicher Teilung

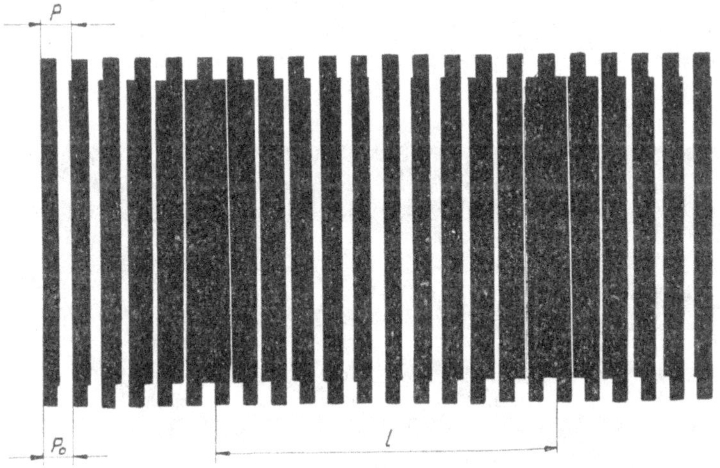

Abb. 2. Moiréstreifen, erzeugt durch zwei parallele Linienscharen mit wenig verschiedener Teilung

Linien nebeneinander liegen; helle Moirés, wenn sie sich decken. Entfallen auf den Abstand l der Streifen n Striche der Teilung p, so sind es $(n + 1)$ der Teilung p_0, wenn $p_0 < p$.

Im Interesse einer einheitlichen Sprachregelung erscheint es zweckmäßig, vor der Besprechung der experimentellen Prinzipien einige Begriffe festzulegen:

1) Ein *Raster* sei eine periodische oder ursprünglich periodisch gewesene Struktur, deren Elemente einem passierenden Lichtstrom bestimmte Amplitudenänderungen erteilen.

2) Ein *Bezugsraster* sei ein periodischer Raster.
3) Ein *Objektraster* sei ein auf ein Bauteil oder Modell kopierter Bezugsraster.
4) Ein *Bildraster* sei ein auf optischem oder mechanischem Wege verzerrtes Bild eines Bezugs- oder Objektrasters.

Damit kann folgendes Grundprinzip formuliert werden: Ein Moiréeffekt, der zur experimentellen Dehnungsanalyse genutzt werden kann, entsteht durch mechanische Interferenz von Bezugs- und Bildrastern bzw. nur von Bildrastern.

Die Moiréerscheinung stellt somit bestimmte geometrische Beziehungen zwischen Bezugs- und Bildraster bzw. zwischen Bildrastern her. Diese Beziehungen sollen für den Fall, daß als Bezugsraster ein Linienraster verwendet wird, untersucht werden. Der Linienraster bestehe aus einer Schar paralleler lichtundurchlässiger Linien mit konstanter Teilung p, durch die Zahlen (0′, 1′, 2′, . . .) gekennzeichnet, Abb. 3. Der Bildraster (0″, 1″, 2″, . . .) stelle eine allgemeine ebene Verzerrung des Bezugsrasters dar. Moiréstreifen können sich dann entlang der Diagonalen der Flächenelemente formieren, die zwei benachbarte Rasterlinienpaare bilden. Prinzipiell könnten zwei Scharen von Moiréstreifen entstehen. Der optische Effekt kommt jedoch nur zur Geltung, wenn sich Bezugs- und Bildrasterlinien unter einem spitzen Winkel schneiden (schleifender Schnitt). Dies verdeutlicht bereits Abb. 1. Die Ursache besteht darin, daß das Auflösungsvermögen größer als die Teilung sein muß, aber die zweite Moiréschar

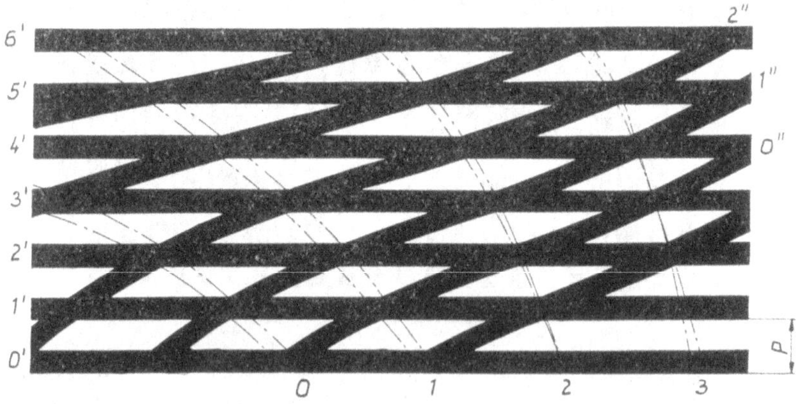

Abb. 3. Moiréstreifen (0, 1, 2, . . .) durch Überlagerung eines Linienrasters (Bezugsraster) (0′, 1′, 2′, . . .) und eines Bildrasters (0″, 1″, 2″, . . .)

etwa die Dichte der Rasterlinien besitzen würde. Die tatsächlich sichtbaren Moiréstreifen (0, 1, 2, . . .) verlaufen längs der Diagonalen der Flächenelemente, die den stumpfen Winkel teilen, und sind der geometrische Ort aller Schnittpunkte, deren Differenz der Ordnungen von Bezugs- und Bildrasterlinien konstant ist. Das bedeutet: Die Moiréstreifen sind der geometrische Ort aller Punkte des Bildrasters, die die gleiche Verschiebung normal zum Bezugsraster erfahren. Von Streifen zu Streifen tritt eine relative Verschiebung um eine Teilung des Bezugsrasters normal zu diesem auf.

Aus dem oben formulierten Grundprinzip, nach dem ein Moiréeffekt entsteht, können verschiedene Meßprinzipien abgeleitet werden, die sich hinsichtlich der Erzeugung des Bildrasters oder der Kombination von Bezugs- und Bildrastern bzw. nur von Bildrastern unterscheiden.

1.2. Meßprinzipien auf der Grundlage des Moiréeffektes

1.2.1. Überlagerung von Bezugsraster und verzerrtem Objektraster

Ausgehend vom Dehngitterverfahren [12] liegt es nahe, einen Bildraster von einem Objektraster zu erzeugen, der mit dem Bauteil oder Modell auf mechanischem Wege verformt wird. Der Bezugsraster repräsentiert dann den unverformten Zustand einer Ebene des Versuchskörpers, der Bildraster den verformten Zustand. Dieses Meßprinzip benutzten erstmals R. Weller und B. M. Shepard [13]. Die Einschränkung auf ebene Raster ist nicht notwendig, da es technisch auch möglich ist, abwickelbare Flächen mit Rastern zu belegen [14].

Liegen endlich große Verformungen vor, so wird aus der Ebene eine räumliche Fläche. Der für die Erzeugung des Moiréeffektes notwendige Bildraster entsteht durch Projektion des verzerrten Objektrasters auf den Bezugsraster. Das Moirébild kann damit nur die Verzerrung der Projektion der räumlichen Fläche erfassen. Die Normalprojektion der räumlichen Fläche auf die unverformte Ebene sei als projizierte Fläche bezeichnet.

Der Bezugsraster bestehe aus zwei Linienrastern, deren Rasterlinien 0. Ordnung ein kartesisches Koordinatensystem (x, y) aufspannen. Durch Überlagerung mit den entsprechenden Bildrastern entstehen zwei Scharen von Moiréstreifen, die der geometrische Ort aller der Punkte der projizierten Fläche sind, die eine gleiche Verschiebungskomponente u bzw. v im (x, y)-System besitzen. A. J. Durelli [15] bezeichnet Linien gleicher kartesischer Verschiebungskomponente als *Isotheten*. Ein Punkt $\overline{P}$ der projizierten Fläche liege auf einer Isothete der Ordnung n bezüglich des Linienrasters parallel x und auf einer Isothete m bezüglich des Rasters parallel y. Die Verschiebungskomponenten von $\overline{P}$ sind dann

$$u^* = m^* p \,, \tag{1}$$

$$v^* = n^* p \,. \tag{2}$$

Die Lage desselben Punktes in der unverzerrten Ebene P folgt aus der Gleichung

$$\mathfrak{r} = \bar{\mathfrak{r}} - \mathfrak{v} \,, \tag{3}$$

wobei $\mathfrak{r}$ der Ortsvektor von P, $\bar{\mathfrak{r}}$ der Ortsvektor von $\overline{P}$ und $\mathfrak{v}$ der Verschiebungsvektor mit den Komponenten u^* und v^* ist.

Der Bezug der Isothetenfelder auf die projizierte Ebene bedeutet, daß sie von Eulerschen Veränderlichen abhängen. Die Auswertung endlich großer Verformungen direkt aus dem Moirébild führt daher auf Komponenten des Almansischen Verzerrungstensors [16]. Im folgenden sollen jedoch unendlich kleine Verformungen angenommen werden. In diesem Fall können die Isotheten ebenso auf den unverformten Körper bezogen werden. Der Bildraster entspricht dann dem verzerrten Objektraster.

Die Ordnungen m^* und n^* seien in Abhängigkeit von den Koordinaten x und y grafisch dargestellt. Bei genügender Dichte der Meßpunkte können auf Grund der Stetigkeit Ausgleichskurven gezeichnet werden, die beliebigen (reellen) Koordinaten x und y entsprechende Werte m und n zuordnen. Wenn die Abhängigkeit der Lichtamplitude von der Verschiebung bekannt ist, Kap. 2, können beliebige Zwischenwerte für m und n auch gemessen werden. Aus den Gleichungen (1) und (2) folgt dann

$$u = p\,m\,, \tag{4}$$

$$v = p\,n\,. \tag{5}$$

Aus den bekannten Gleichungen für die Verzerrungen [20, S. 42]

$$\varepsilon_x = \frac{\partial u}{\partial x}\,, \tag{6}$$

$$\varepsilon_y = \frac{\partial v}{\partial y}\,, \tag{7}$$

$$\gamma_{xy} = \frac{\partial u}{\partial y} + \frac{\partial v}{\partial x} \tag{8}$$

folgen durch Einsetzen der Gleichungen (4) und (5) die Beziehungen

$$\varepsilon_x = p\,\frac{\partial m}{\partial x}\,, \tag{9}$$

$$\varepsilon_y = p\,\frac{\partial n}{\partial y}\,, \tag{10}$$

$$\gamma_{xy} = p\left(\frac{\partial m}{\partial y} + \frac{\partial n}{\partial x}\right), \tag{11}$$

die eine Bestimmung der Verzerrungen in kartesischen Koordinaten aus zwei vorliegenden Isothetenfeldern ermöglichen.

Zur Demonstration der Isotheten-Methode diene eine diametral gedrückte Kreisscheibe. Auf eine Seitenfläche der Scheibe wurde ein Linienraster kopiert (Kap. 3). Anschließend wurde die Scheibe in Richtung der Rasterlinien und senkrecht dazu durch eine Druckkraft F belastet und dabei im Durchlicht auf einen Film mit hohem Auflösungsvermögen aufgenommen. Die Abb. 4 und 5 entstanden als Kontaktkopie mit Film (Bildraster) und Bezugsraster. Eine andere Versuchstechnik besteht im Kontakt von Bezugsraster und Kreisscheibe. Die fotografische Aufnahme der Moiréerscheinungen erfolgt dann auf einen Film mit entsprechend geringem Auflösungsvermögen.

Die bisher betrachteten Linienraster wurden als Koordinatenlinien und die Moiréstreifen als Linien gleicher Verschiebungskomponente in einem kartesischen System aufgefaßt. Ebenso können andere Bezugsrastertypen als entsprechende Koordinatenlinien-Scharen betrachtet werden. Die Wahl des Bezugsrasters ist also gleichbedeutend mit der Wahl des Koordinatensystems. Einem Polarkoordinatensystem (r, φ) entsprechen z. B. folgende Bezugsraster:

1. eine Schar konzentrischer Kreise mit konstantem Abstand als φ-Koordinatenlinien,
2. ein Büschel aus Geraden mit konstanten Schnittwinkeln als r-Koordinatenlinien.

Die entsprechenden Moiréstreifen stellen den geometrischen Ort gleicher Verschiebung in r bzw. φ-Richtung dar und werden *Isogyren* bzw. *Isogonen* [15] genannt. Auf weitere Ausführungen bezüglich der Auswertung sei verzichtet, dafür sollen die Anwendungsmöglichkeiten des Meßprinzipes umrissen werden.

Die praktische Anwendung setzt die Herstellung geeigneter Objektraster voraus. Die zu untersuchenden Bauteile oder Modelle können prinzipiell aus einem beliebigen Werkstoff bestehen, wobei freilich eine Messung im Inneren durchsichtige Werkstoffe bedingt. Das Kopieren von Rastern auf Objekte verschiedener Werkstoffe wird im Kapitel 3 eingehend besprochen. Die Empfindlichkeit des Meßprinzipes, die durch die Moiréordnung gekennzeichnet wird, ist nach den Gleichungen (1) und (2) den Verschiebungen direkt, der Rasterteilung umgekehrt proportional. Die Messung kleiner Verschiebungen setzt daher entsprechend feine Raster voraus. Eine Analyse endlich großer Verzerrungen besitzt theoretische Grenzen, die erreicht sind, wenn die Dichte von Moiréstreifen und Rasterlinien übereinstimmen. Bei reinem Zug bzw. Druck betragen die Grenzdehnungen

$$\varepsilon_{L_o} = 1 \quad \text{bzw.} \quad \varepsilon_{L_u} = -0{,}5\,,$$

wobei der Index L auf die LAGRANGEsche Definition der Dehnung verweist. Die praktischen Grenzen, die enger liegen, werden in Kapitel 2 erörtert werden.

Der Moiréeffekt kann aber selbst bei Überschreitung der theoretischen Grenzen noch zur Dehnungsanalyse genutzt werden. Eine experimentelle Möglichkeit besteht in der Verwendung von mehreren Bezugsrastern mit unterschiedlichen Teilungen oder einem Raster mit kontinuierlich veränderlicher Teilung. Ein anderes Meßprinzip beruht auf der mechanischen Interferenz von verzerrten Objektrastern.

1.2.2. Überlagerung von verzerrten Objektrastern

Ein Moiréeffekt nach diesem Meßprinzip entsteht ebenfalls nur dann, wenn die relative Verzerrung der beteiligten Objektraster bestimmte Grenzen nicht überschreitet. Das ist im allgemeinen gewährt, wenn Bildraster eines Verformungsvorganges überlagert werden, die kurzzeitig aufeinander folgen. Durch Bezug auf die Zeit können Komponenten der Verschiebungsgeschwindigkeit, *Isotachen* [15] genannt, dargestellt werden. Eine weitere Möglichkeit besteht in der Überlagerung von zwei gleichen Aufnahmen eines verzerrten Objektrasters, wobei diese um ein geringes Maß in ihrer Ebene zueinander verschoben werden. Dies führt zur Darstellung der partiellen Ableitungen der Verschiebungen nach den Ortskoordinaten [10].

Bei den bisher besprochenen Meßprinzipien entsprechen die Bildraster Projektionen von mechanisch verzerrten Objektrastern auf eine Bezugsebene. Weitere Meßprinzipien beruhen darauf, daß Bildraster durch Abbildung von Bezugsrastern erzeugt werden, wobei die Abbildung von der Verzerrung des Objektes abhängt. Die Objektoberfläche wirkt als Schirm bzw. Spiegel für ein Bezugsrasterbild. Im folgenden Meßprinzip dient die Oberfläche als Schirm.

1.2.3. Überlagerung von Bezugsraster und seinem Projektionsbild

Ein Bezugsraster werde durch ein paralleles Lichtbündel, dessen Richtung zur Flächennormalen des Bezugsrasters um einen bestimmten Winkel geneigt ist, auf eine diffus reflektierende Objektoberfläche projiziert. Der Bildraster entspricht dem Projektionsbild, wenn es normal zum Bezugsraster betrachtet wird. Durch Überlagerung von Bezugs- und Bildraster entstehen Moiréstreifen, die die topographische Struktur der Oberfläche darstellen. Die Beziehungen zwischen Moirébild und topographischer Struktur seien bei Verwendung von Linienrastern als Bezugsraster erläutert. Ein Linienraster falle mit der (x,y)-

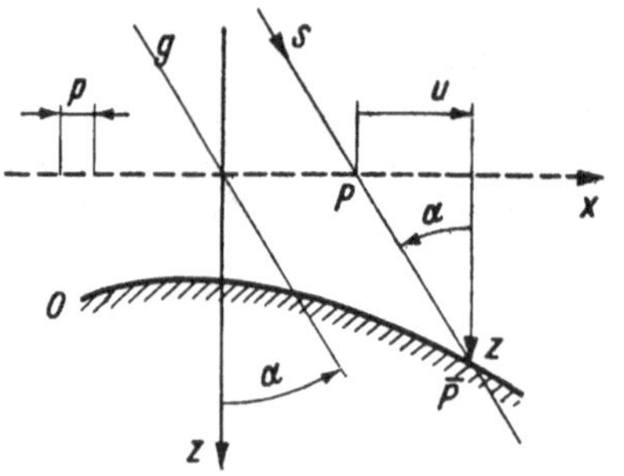

Abb. 6. Geometrische Beziehungen von Bezugs- und Bildraster beim Meßprinzip nach P. S. THEOCARIS

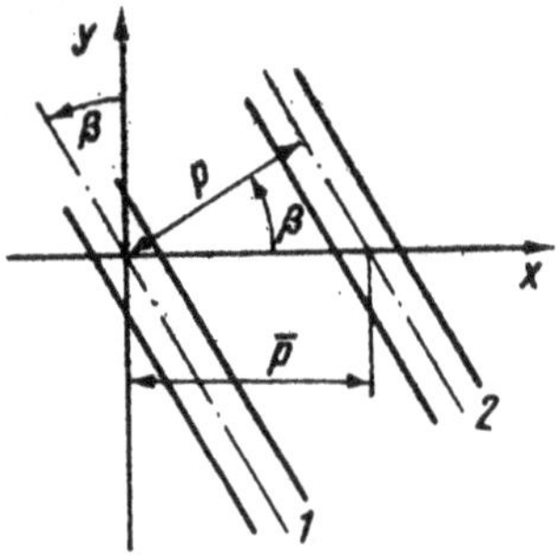

Abb. 7. Drehen des Bezugsrasters

Ebene eines räumlichen kartesischen Systemes zusammen, Abb. 6. Die Rasterlinien seien parallel zur y-Achse. Ein paralleles Lichtbündel besitze die Richtung einer Geraden g der (x,z)-Ebene, die um den Winkel α gegen die z-Achse geneigt ist. Ein Lichtstrahl s projiziere einen beliebigen Punkt P des Bezugsrasters auf eine Objektoberfläche O. Die Verschiebung u des entsprechenden Bildrasterpunktes $\bar{P}$ relativ zu P beträgt

$$u = z \tan \alpha \, . \tag{12}$$

Nach Abschnitt 1.1. sind Moiréstreifen der geometrische Ort der Bildrasterpunkte mit gleicher Verschiebung normal zum Bezugsraster, also Kurven $u^* = \text{const}$. Da in Gleichung (12) auch α konstant ist, stellen die Moiréstreifen hier Linien $z^* = \text{const}$, d. h. Höhenschichtlinien oder Isohypsen der Objektoberfläche dar. Für u^* gilt Gleichung (1), wobei für

$m = 0, 1, 2, \ldots$ helle Moiréstreifen,

$m = 1/2, 3/2, 5/2, \ldots$ dunkle Moiréstreifen

auftreten.

Die Anwendung dieses Meßprinzipes auf Scheiben konstanter Dicke führt zur Bestimmung der Querdehnung ε_z, wenn der Bezugsraster parallel zur Scheibenmittelebene angeordnet wird. Aus Gleichung (12) folgt dann

$$\Delta d = 2\, m^*\, p/\tan \alpha \, , \tag{13}$$

wobei $\Delta d = 2\,z$ gleich der Änderung der Scheibendicke d gesetzt wurde. Durch Einsetzen von Gleichung (13) in die Gleichung für ε_z [22, S. 20]

$$\varepsilon_z = \Delta d/d = -\,\nu/E \cdot (\sigma_1 + \sigma_2) \tag{14}$$

und Umformen folgt

$$m^* = -\frac{dv \tan\alpha}{2\,p\,E}(\sigma_1 + \sigma_2) \tag{15}$$

oder

$$m^* = k\,(\sigma_1 + \sigma_2)\,, \tag{16}$$

wobei

$$k = -\frac{dv \tan\alpha}{2\,p\,E}$$

eine Eichkonstante darstellt. Gleichung (16) besagt, daß die besprochenen Moiréstreifen bei Scheiben konstanter Dicke Linien konstanter Hauptspannungssumme oder *Isopachen* darstellen. Abb. 8 zeigt als Beispiel die Isopachen an einem auf Zug beanspruchten Scheibenstreifen mit halbkreisförmigen Außenkerben.

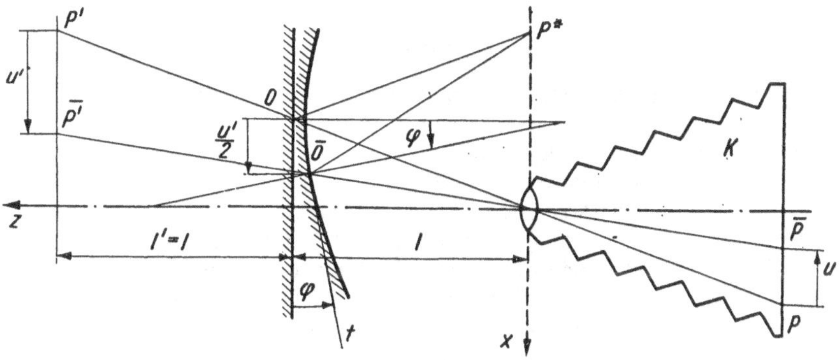

Abb. 9. Geometrische Beziehungen von Bezugs- und Bildraster beim Meßprinzip nach F. K. LIGTENBERG

Das besprochene Meßprinzip und seine Anwendung auf Scheibenprobleme wurde von P. S. THEOCARIS [17] angegeben. Die Herleitung der geometrischen Beziehungen soll noch hinsichtlich einer Drehung des Bezugsrasters in seiner Ebene erweitert werden: Die Rasterlinien (1; 2) mögen entsprechend Abb. 7 um einen beliebigen Winkel β zur y-Achse geneigt sein. Wenn die Lichteinfallrichtung beibehalten wird, erscheint ein Punkt $\bar{P}$ nach wie vor gegenüber seinem erzeugenden Punkt P in Richtung der x-Achse verschoben. Im vorliegenden Fall entspricht die Verschiebung um $\bar{p}$ in x-Richtung einer Verschiebung um p normal zum Raster. Wegen der Beziehung

$$\bar{p} = p/\cos\beta \tag{17}$$

kommt das Drehen des Bezugsrasters einer Vergrößerung der Rasterteilung gleich.

Wird in Gleichung (16) p durch $\bar{p}$ nach Gleichung (17) ersetzt, so folgt

$$m^* = k\cos\beta\,(\sigma_1 + \sigma_2)\,, \tag{18}$$

wobei

$$k = -\frac{dv \tan \alpha}{2\,p\,E}\,.$$

Das Drehen des Bezugsrasters kann auf der Grundlage von Gleichung (18) als Kompensationsmethode dienen, um an bestimmten Objektpunkten ganzzahlige Isopachenordnungen – ähnlich dem spannungsoptischen Kompensationsverfahren nach Sénarmont [18] – zu erhalten. Dabei muß β im Moirévers uch gemessen werden. Hingegen kann k nach der Ähnlichkeitstheorie aus der Isochromatenordnung am lastfreien Rand eines parallelen spannungsoptischen Versuches bestimmt werden. Die zusätzliche Kenntnis des Isochromatenfeldes ermöglicht auf einfache Weise die getrennte Bestimmung der Hauptspannungen in einer Scheibe.

Im folgenden soll noch ein Meßprinzip besprochen werden, bei dem die Objektoberfläche nicht als Schirm, sondern als Spiegel für einen Bezugsraster dient.

1.2.4. Überlagerung von Bezugsraster und seinem Reflexionsbild

Ein Bezugsraster falle mit der (x, y)-Ebene eines räumlichen kartesischen Systems zusammen, Abb. 9. Eine ebene, regulär reflektierende Oberfläche eines unverformten Objektes liege in der Ebene $z = l =$ const. Eine Kamera K, deren optische Achse mit der z-Richtung übereinstimmt, vermag ein unverzerrtes Spiegelbild des Bezugsrasters aufzunehmen, falls die Abbildungsfehler vernachlässigbar sind. Ein beliebiger Punkt P^* des Bezugsrasters möge nach dem Reflexionsgesetz über einen Punkt O der ebenen Oberfläche als Punkt P auf dem Film abgebildet werden. Nach der Verformung der Oberfläche wird die Kamera ein verzerrtes Spiegelbild des Bezugsrasters aufnehmen, das den Bildraster darstellt. Der Punkt P^* möge dann vom Punkt $\overline{O}$ der verformten Oberfläche gespiegelt werden und den Bildrasterpunkt $\overline{P}$ erzeugen. Die neue Lage von $\overline{P}$ folgt nach dem Reflexionsgesetz, wobei die Tangentialebene an $\overline{O}$ als Spiegel betrachtet wird. Die Moirébilder entstehen, wenn der Abbildungsmaßstab verschieden von eins ist, durch Überlagerung des Bildrasters und des unverzerrten Bezugsrasterbildes.

Der Bezugsraster sei ein Linienraster, dessen Linien parallel zur y-Achse sind. Zur Bildung der Moirés trägt dann nur die Verschiebung u des Punktes $\overline{P}$ in x-Richtung bei. Es interessiert daher nur die Neigung φ der Schnittgeraden t, die die Tangentialebene mit der (x, z)-Ebene bildet, gegen die x-Achse. Wenn die Verschiebung von $\overline{O}$ relativ zu O in x-Richtung sehr klein gegen l ist und φ ebenfalls ein kleiner Winkel ist, gilt für die Verschiebung des virtuellen Punktes P' nach $\overline{P}'$

$$u' = 2\,l\,\varphi\,. \tag{19}$$

Wenn der Abbildungsmaßstab vereinfachend gleich eins angenommen und das Filmbild seitenrichtig gestellt wird, gilt auch

$$u = 2\,l\,\varphi\,. \tag{20}$$

Die Moiréstreifen als Kurven $u^* =$ const sind im vorliegenden Fall – da l ebenfalls konstant ist – Linien gleichen Neigungswinkels $\varphi^* =$ const in der betrachteten Schnittebene. Mit Gleichung (4) folgt aus Gleichung (20)

$$\varphi = \frac{p}{2\,l}\,m\,. \tag{21}$$

F. K. LIGTENBERG [19] benutzte dieses Meßprinzip und wandte es auf die Untersuchung der Plattenbiegung an: Für den Neigungswinkel φ gilt dann

$$\varphi = \frac{\partial w}{\partial x} = \frac{p}{2\,l}\,m\,, \tag{22}$$

wobei w die Durchbiegung der Platte in Richtung der negativen z-Achse darstellt. Wird der Bezugsraster so angeordnet, daß seine Linien parallel zur x-Achse verlaufen, so liefert ein entsprechendes Moirébild die Neigungen in der (y,z)-Ebene

$$\psi = \frac{\partial w}{\partial y} = \frac{p}{2\,l}\,n\,. \tag{23}$$

Da kleine Durchbiegungen vorausgesetzt wurden, können die Krümmungen durch Differentiation der Neigungen gewonnen werden

$$k_{xx} = \frac{\partial^2 w}{\partial x^2} = \frac{p}{2\,l} \cdot \frac{\partial m}{\partial x}\,, \tag{24}$$

$$k_{yy} = \frac{\partial^2 w}{\partial y^2} = \frac{p}{2\,l} \cdot \frac{\partial n}{\partial y}\,, \tag{25}$$

$$k_{xy} = \frac{\partial^2 w}{\partial x\,\partial y} = \frac{p}{2\,l}\,\frac{\partial m}{\partial y} = \frac{p}{2\,l}\,\frac{\partial n}{\partial x}\,. \tag{26}$$

Für isotrope Platten können aus den Krümmungsgrößen die Biegungsmomente m_x bzw. m_y und das Drillmoment m_{xy} berechnet werden. Durch Einsetzen der Gleichungen (24), (25), (26) in die entsprechenden Gleichungen der Plattentheorie [22, S. 162] folgen die Beziehungen

$$m_x = c\left(\frac{\partial m}{\partial x} + \nu\,\frac{\partial n}{\partial y}\right), \tag{27}$$

$$m_y = c\left(\frac{\partial n}{\partial y} + \nu\,\frac{\partial m}{\partial x}\right), \tag{28}$$

$$m_{xy} = c\,(1-\nu)\,\frac{\partial m}{\partial y} = c\,(1-\nu)\,\frac{\partial n}{\partial x}\,, \tag{29}$$

wobei

$$c = -\,\frac{E\,h^3\,p}{24\,(1-\nu^2)\,l}\,,$$

die eine Auswertung der Momente aus den Moirébildern ermöglichen.

Als Demonstrationsbeispiel für die Linien gleicher Neigung diene eine quadratische Platte mit quadratischem Ausschnitt, Abb. 10 und 11. Die Platte ist am Außenrand fest eingespannt und wird an der einspringenden Ecke durch eine Einzelkraft belastet.

Das Meßprinzip nach LIGTENBERG besitzt wie das Prinzip von WELLER und SHEPARD den Nachteil, daß Meßwerte grafisch oder numerisch differenziert werden müssen. Wie Abschn. 1.2.2. zeigte, läßt sich eine Differentiation nach

Ortskoordinaten auf experimentellem Wege durchführen, wenn ein Bildraster mit seiner Kopie, die um ein bestimmtes Maß längs einer Koordinatenlinie verschoben ist, überlagert wird. Dient als Bildraster ein verzerrtes Reflexionsbild eines Bezugsrasters, so ergibt sich ein weiteres Meßprinzip, bei dem die Moiréstreifen Kurven gleicher Krümmung darstellen.

Die Zahl der Meßprinzipien ließe sich auf diese Weise sicher noch vergrößern. Der Zweck dieses Kapitels bestand jedoch darin, eine Übersicht der wichtigsten Meßprinzipien zu geben und zu zeigen, daß sie sich auf ein gemeinsames Grund prinzip zurückführen lassen. Das folgende Kapitel befaßt sich mit einigen optischen Grundlagen des Moiréeffektes, die für die späteren Anwendungen von Bedeutung sein werden.

2. Lichtintensität und Kontrast des Moiréeffektes

Die folgenden Herleitungen setzen *ideale Raster* voraus, die aus vollkommen lichtdurchlässigen (transparenten) und undurchlässigen Elementen bestehen. Die Raster können als Filter aufgefaßt werden, deren Transparenz [23, S. 148] von Element zu Element zwischen $\tau = 0$ und $\tau = 1$ wechselt. Sie mögen sich in einer Ebene befinden, auf die Licht mit einer über die ganze Fläche gleichförmigen Intensität I_0 senkrecht auftrifft.

Die fotografische Aufnahme und die Auswertung der Moiréerscheinung wird erleichtert, wenn große Intensitätsunterschiede auftreten. Deshalb werden zunächst die geometrischen Verhältnisse bestimmt, die bei verschiedenen Kombinationen von Rastern maximalen Kontrast der Moiréerscheinung ermöglichen, wobei der Kontrast durch

$$K = \frac{I_{\max} - I_{\min}}{I_0} \tag{30}$$

definiert sei und $I_{\max}$ bzw. $I_{\min}$ die maximale bzw. minimale Intensität des Moiréeffektes darstellen.

2.1. Kontrast des Moiréeffektes

2.1.1. Überlagerung von zwei Linienrastern

Bezugs- und Bildraster seien Linienraster mit den Linienbreiten b_0 bzw. b_1 und näherungsweise gleicher Teilung p, wenn kleine Verformungen vorausgesetzt werden, Abb. 12. Ein Lichtstrahl wird nach Passieren einer Rasterlinie die Intensität $I = 0$, nach einer Lücke die Intensität $I = I_0$ besitzen. Nach Abschnitt 1.1. entsteht eine Moiréerscheinung, wenn ein Ausgleich der Intensität über Lichtbündel benachbarter Rasterlinien erfolgt. Dieser Ausgleich kann durch Bildung des Mittelwertes über eine Teilung beim Fortschreiten in x-Richtung idealisiert werden.

Bei Deckung der Rasterlinien ergibt sich die maximale Intensität

$$I_{\max} = I_0 \begin{cases} \dfrac{p - b_0}{p} & b_0 \geqq b_1 \\[2ex] \dfrac{p - b_1}{p} & b_1 \geqq b_0 \,. \end{cases} \tag{31}$$

Beim Nebeneinanderliegen der Rasterlinien tritt die minimale Intensität auf·

$$I_{\min} = I_0 \begin{cases} \dfrac{p - b_0 - b_1}{p} & b_0 + b_1 \leqq p \\ 0 & b_0 + b_1 \geqq p\,. \end{cases} \tag{32}$$

Wenn $(b_0 + b_1) \leqq p$ ist, so gilt nach Gleichung (30)

$$K = \begin{cases} \dfrac{b_1}{p} & b_0 \geqq b_1 \\ \dfrac{b_0}{p} & b_1 \geqq b_0\,. \end{cases} \tag{33}$$

Der Kontrast nimmt also mit b_0 bzw. b_1 zu. Da diese sich gegenseitig nicht übersteigen dürfen und weiter $(b_0 + b_1) \leqq p$ gelten muß, folgt

$$K_{\max}\left(b_0 = b_1 = \frac{p}{2}\right) = \frac{1}{2}\,. \tag{34}$$

Eine entsprechende Überlegung mit der Bedingung $(b_0 + b_1) \geqq p$ führt auf das gleiche Ergebnis. Es ist üblich, den Quotienten $p/(p - b)$ als Linienverhältnis zu bezeichnen. Maximaler Kontrast ergibt sich damit für das Linienverhältnis 1:1.

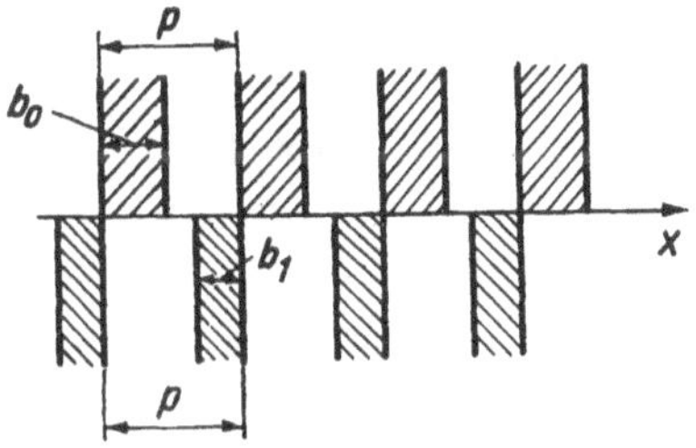

Abb. 12
Kontrast bei zwei Linienrastern

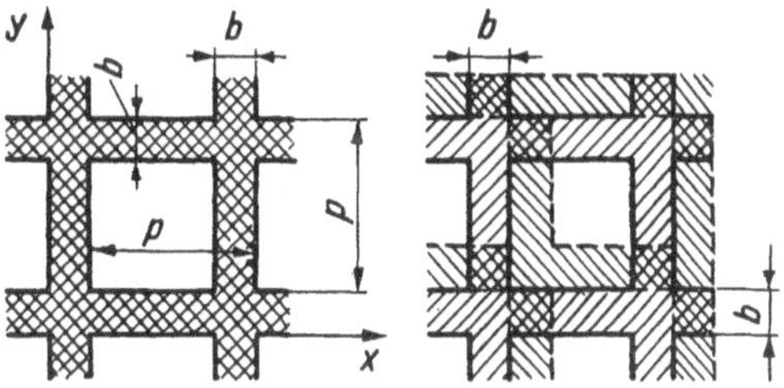

Abb. 13
Kontrast bei zwei Kreuzrastern

2.1.2. *Überlagerung von zwei Kreuzrastern*

Bezugs- und Bildraster seien Kreuzraster mit gleichen Linienbreiten b und Teilungen p in x- und y-Richtung, Abb. 13. Die sich kreuzenden Linien mögen die Intensität $I = 0$, die Restquadrate $I = I_0$ durchlassen. Die Intensität des Moiréeffektes entspreche dem Mittelwert über eine Fläche p^2.

Decken sich die Raster, so ergibt sich die maximale Intensität

$$I_{\max} = I_0 \frac{(p - b)^2}{p^2}\,. \tag{35}$$

Bei Parallelverschiebung um b in x- und y-Richtung tritt die minimale Intensität auf

$$I_{\min} = I_0 \frac{(p - 2\,b)^2}{p^2}\,. \tag{36}$$

Es folgt

$$K_{\max}\left(b = \frac{p}{3}\right) = \frac{1}{3}. \tag{37}$$

Liegen die Negativbilder von einem oder von beiden Rastern nach Abb. 13 vor, so führt die Rechnung auf das gleiche Ergebnis. Weiter läßt sich zeigen, daß sich der Kontrast verringert, wenn die Raster verschiedene Linienbreiten besitzen.

2.1.3. Überlagerung von Kreuz- und Linienraster

Der Bildraster sei ein Kreuzraster, der Bezugsraster ein Linienraster mit jeweils gleicher Teilung p, Abb. 14. Wenn für die Linienbreiten $b_0 < b_1$ gilt, so ist $I_{\min}$ größer als im Falle $b_0 = b_1$, $I_{\max}$ hingegen gleich.

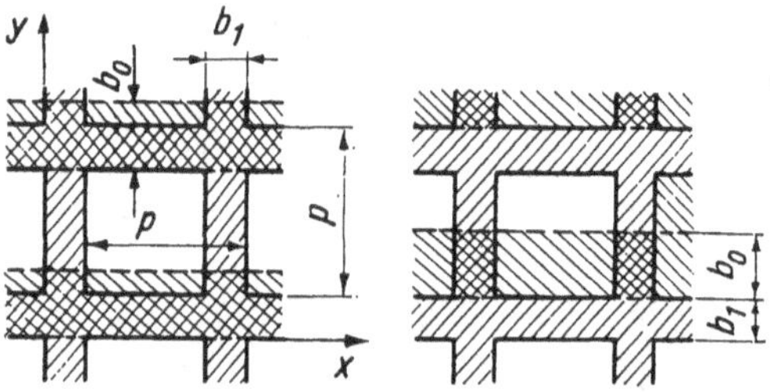

Abb. 14. Kontrast bei der Kombination von Linien- und Kreuzraster

Es interessiert daher nur der Fall, daß $b_1 \leqq b_0 \leqq (p - b_1)$ ist. Dann gilt

$$I_{\max} = I_0 \frac{(p - b_1)\cdot(p - b_0)}{p^2}, \tag{38}$$

$$I_{\min} = I_0 \frac{(p - b_1)(p - b_1 - b_0)}{p^2}. \tag{39}$$

Daraus folgt

$$K_{\max}\left(b_0 = b_1 = \frac{p}{2}\right) = \frac{1}{4}. \tag{40}$$

Damit ergibt sich, daß die Kombination von zwei Linienrastern den absolut größten Kontrast ermöglicht. Wenn praktische Gründe für die Benutzung eines Kreuzrasters als Bildraster sprechen, so bringt die Überlagerung mit einem zweiten Kreuzraster einen höheren Kontrast als mit einem Linienraster. Die Kombination von Kreuz- und Linienraster führt jedoch auf eine getrennte Darstellung der beiden Moiréscharen, die für die Auswertung günstiger sein kann. Weiter ist die optimale Linienbreite die gleiche wie bei der Überlagerung von zwei Linienrastern, womit die entsprechenden Kreuzraster durch zweifaches Kopieren von Linienrastern gewonnen werden können. Bei der Beschaffung der gewiß nicht billigen Rastervorlagen sollte man daher Linienraster mit einem Linienverhältnis 1:1 vorziehen, wenn verschiedene Anwendungen geplant sind.

2.2. Lichtintensität des Moiréeffektes

Die Abhängigkeit der Lichtintensität von der relativen Verschiebung der Rasterlinien zwischen benachbarten Moiréstreifen wird für die beiden typischen Moiréeffekte, Abb. 1 und 2 (Abschnitt 1.1.), untersucht. Da diese Dehnungszustände homogen sind, besteht Proportionalität zwischen den kartesischen Verschiebungen und Koordinaten. Die Intensität kann daher ebenso als Funktion des Weges statt der Verschiebung bestimmt werden.

2.2.1. Parallele Linienraster verschiedener Teilung

2.2.1.1. Fourier-Entwicklung

Die Transparenz τ eines Rasters mit dem Linienverhältnis 1:1 sei entsprechend Abb. 15 durch die Funktion

$$\tau \begin{Bmatrix} \left(n-\frac{1}{4}\right)p < x < \left(n+\frac{1}{4}\right)p \\ \left(n+\frac{1}{4}\right)p < x < \left(n+\frac{3}{4}\right)p \end{Bmatrix} = \begin{cases} 1 \\ 0 \end{cases} \qquad n = 0, 1, 2, \ldots \tag{41}$$

gegeben, wobei x in der Rasterebene senkrecht zu den Rasterlinien zeigt. Zur Herleitung der Intensität des Moiréeffektes sei zunächst ein Weg beschritten, der das Rechnen mit unstetigen Funktionen umgeht. Die Transparenz-Funktionen der Raster werden daher in Fourier-Reihen entwickelt.

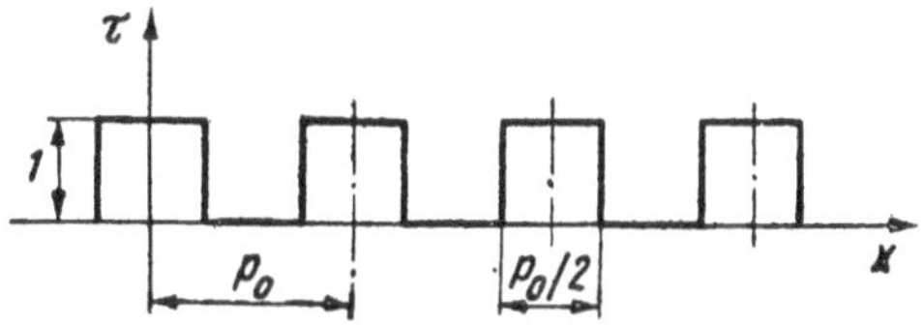

Abb. 15. Transparenzfunktion eines idealen Rasters

Die Entwicklung der Funktion (41) in eine Fourier-Reihe der Form

$$\tau(x) = \sum_{n=-\infty}^{\infty} c_n \, e^{i\frac{n\pi x}{p}} \tag{42}$$

nach [24] führt auf die Koeffizienten

$$c_0 = \frac{1}{2}, \quad c_s = c_{-s} = \frac{1}{\pi s} \sin\frac{\pi s}{2}. \tag{43}$$

Da c_s und c_{-s} gleich sind, gilt auch die Darstellung

$$\tau(x) = \sum_{n=0}^{\infty} c_n \left(e^{in\omega x} + e^{-in\omega x}\right), \tag{44}$$

wobei

$$c_0 = \frac{1}{4}, \quad c_s = \frac{1}{\pi s} \sin\frac{\pi s}{2}, \quad \omega = \frac{2\pi}{p} \tag{45}$$

gilt.

Werden zwei Raster mit den Durchlässigkeiten τ_0 und τ_1 hintereinandergeschaltet, so beträgt die Gesamtdurchlässigkeit

$$\tau_{01} = \tau_0 \cdot \tau_1 = \sum_{l=0}^{\infty} c_l \left(e^{i l \omega_0 x} + e^{-i l \omega_0 x}\right) \cdot \sum_{m=0}^{\infty} c_m \left(e^{i m \omega_1 x} + e^{-i m \omega_1 x}\right), \qquad (46)$$

wenn die Raster die Teilungen p_0, p_1 bzw. die Kreisfrequenzen ω_0, ω_1 besitzen. Nach Ausführen der Multiplikation ergibt sich

$$\tau_{01} = \sum_{l=0}^{\infty} \sum_{m=0}^{\infty} c_l\, c_m [(e^{i(l \omega_0 + m \omega_1) x} + e^{-i(l \omega_0 + m \omega_1) x}) + (e^{i(l \omega_0 - m \omega_1) x} + e^{-i(l \omega_0 - m \omega_1) x})] \qquad (47)$$

und nach Anwenden der EULERschen Relation

$$\tau_{01} = 2 \sum_{l=0}^{\infty} \sum_{m=0}^{\infty} c_l\, c_m [\cos (l\, \omega_0 + m\, \omega_1)\, x + \cos (l\, \omega_0 - m\, \omega_1)\, x] . \qquad (48)$$

Die Intensität I_{01} nach den Rastern beträgt

$$I_{01} = I_0 \cdot \tau_{01} . \qquad (49)$$

Die Intensität werde mittels einer Fotozelle, vor der ein Spalt angeordnet ist, unmittelbar hinter der Rasterebene gemessen. Die Längsachse des Spaltes falle mit der Richtung der Rasterlinien zusammen. Da aus praktischen Gründen die Spaltbreite Δx im allgemeinen größer als die Rasterteilung p_0 sein wird, mißt die Fotozelle einen Mittelwert von I_{01} über ein Intervall Δx, der die Intensität der Moiréeffektes darstellt. Sind die Beugungserscheinungen vernachlässigbar gering, so gilt bei Bezug auf die Spaltbreite für die gemessene Intensität

$$I(x) = \frac{1}{\Delta x} \int_{x - \frac{\Delta x}{2}}^{x + \frac{\Delta x}{2}} I_{01}\, dx . \qquad (50)$$

Einsetzen von Gleichung (48) in Gleichung (49) und anschließend in Gleichung (50) ergibt nach Ausführen der Integration

$$I(x) = \frac{2 I_0}{\Delta x} \sum_{l=0}^{\infty} \sum_{m=0}^{\infty} c_l\, c_m \left[\frac{\sin (l\, \omega_0 + m\, \omega_1)\, x}{l\, \omega_0 + m\, \omega_1} + \frac{\sin (l\, \omega_0 - m\, \omega_1)\, x}{l\, \omega_0 - m\, \omega_1} \right]_{x - \frac{\Delta x}{2}}^{x + \frac{\Delta x}{2}} . \qquad (51)$$

Nach Einsetzen der Grenzen und Anwenden des Additionstheorems

$$\sin (\varphi_1 + \varphi_2) - \sin (\varphi_1 - \varphi_2) = 2 \cos \varphi_1 \cdot \sin \varphi_2 \qquad (52)$$

folgt

$$I(x) = \frac{4 I_0}{\Delta x} \sum_{l=0}^{\infty} \sum_{m=0}^{\infty} c_l\, c_m \left(\frac{\sin \alpha \frac{\Delta x}{2}}{\alpha} \cos \alpha\, x + \frac{\sin \beta \frac{\Delta x}{2}}{\beta} \cos \beta\, x \right), \qquad (53)$$

wobei

$$\left.\begin{aligned} c_s &= \frac{1}{4}, & s &= l, m = 0 , \\ c_s &= \frac{1}{\pi s} \sin \frac{\pi s}{2} & s &= l, m \neq 0 \end{aligned}\right\} \qquad (54)$$

gilt und

$$\alpha = (l\,\omega_0 + m\,\omega_1)\,, \qquad \beta = (l\,\omega_0 - m\,\omega_1) \tag{55}$$

bedeuten.

Die Konvergenz der Reihe (53) wurde durch eine Zahlenrechnung für folgende Werte getestet: $p_0 = \Delta x = 1$; $p_1 = 1{,}01$; $x = 0$. Der exakte Wert der Intensität beträgt dabei $I/I_0 = {}^1/_2$. Abb. 16 zeigt die Intensität in Abhängigkeit von der Zahl der Glieder l und m, nach denen die Summation abgebrochen wurde. Wenn die Summanden $I_{l\,m}$ eine Matrix darstellen, so erfolgte die Summation einmal über die Nebendiagonalen, zum anderen über Zeilen bzw. Spalten. Letztere nähert sich bei gleichem l und m besser dem tatsächlichen Wert.

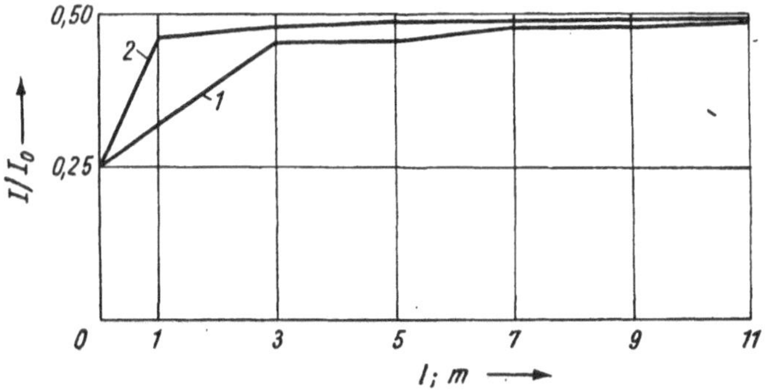

Abb. 16. Intensität nach Gl. (53).

1 – Summation über die Nebendiagonalen
2 – Summation über Zeilen bzw. Spalten

Die Rechnung bis zum Glied I_{11} führt auf eine Abweichung von lediglich 8%. Gleichung (53) wird daher entsprechend vereinfacht, wobei weiter $\Delta x = p_0$ gesetzt wird. Es folgt dann

$$\tilde{I}(x) = \frac{4\,I_0}{p_0}\left\{\frac{p_0}{16} + \frac{1}{2\pi}\,\frac{\sin\omega_1\frac{p_0}{2}}{\omega_1}\cos\omega_1 x + \frac{1}{\pi^2}\right.$$
$$\left.\times\left[\frac{\sin(\omega_0+\omega_1)\frac{p_0}{2}}{\omega_0+\omega_1}\cos(\omega_0+\omega_1)\,x + \frac{\sin(\omega_0-\omega_1)\frac{p_0}{2}}{\omega_0-\omega_1}\cos(\omega_0-\omega_1)\,x\right]\right\}. \tag{56}$$

An der Bildung eines Moiréstreifens mögen k Rasterlinien der Teilung p_0 bzw. $(k-1)$ der Teilung p_1 beteiligt sein. Es gilt dann

$$k\,p_0 = (k-1)\,p_1 = L\,, \tag{57}$$

wenn L der Abstand von zwei benachbarten Intensitätsmaxima oder -minima ist. Aus Gleichung (54) folgt

$$\frac{1}{p_1} = \frac{1}{p_0} - \frac{1}{L} \tag{58}$$

oder mit Gleichung (45)

$$\omega_1 = \omega_0 - \frac{2\pi}{L}. \tag{59}$$

Durch Einführen eines Phasenwinkels

$$\varphi = \frac{2\pi}{L} \tag{60}$$

gilt

$$\omega_1 = \omega_0 - \varphi. \tag{61}$$

Einsetzen von Gleichung (60) in Gleichung (56) ergibt

$$\tilde{I}(x) = \frac{4 I_0}{p_0}\left[\frac{p_0}{16} + \frac{1}{\pi}\frac{\sin\varphi\frac{p_0}{2}}{\omega_0 - \varphi}\cos(\omega_0 - \varphi)x + \frac{1}{\pi^2}\right.$$
$$\left.\times\left(\frac{-\sin\varphi\frac{p_0}{2}}{2\omega_0 - \varphi}\cos(2\omega_0 - \varphi)x + \frac{\sin\varphi\frac{p_0}{2}}{\varphi}\cos\varphi x\right)\right]. \tag{62}$$

Da sich p_0 und p_1 nach Voraussetzung nur gering unterscheiden (Abschnitt 1.1.), wird nach Gleichung (57) $k \gg 1$ bzw. $L \gg p_0$ sein. Daraus folgt, daß $\varphi\frac{p_0}{2} \ll 1$ womit sich Gleichung (62) vereinfacht zu

$$\tilde{I}(x) = I_0\left\{\frac{1}{4} + \frac{4\varphi}{\pi(\omega_0 - \varphi)}\cos(\omega_0 - \varphi)x + \frac{4}{\pi^2}\right.$$
$$\left.\times\left[\frac{p_0}{2}\cos\varphi x - \frac{\varphi}{2(2\omega_0 - \varphi)}\cos(2\omega_0 - \varphi)x\right]\right\}. \tag{63}$$

Wird weiter berücksichtigt, daß $\varphi \ll \omega_0$ ist, so verbleibt

$$\tilde{I}(x) = I_0\left(\frac{1}{4} + \frac{2}{\pi^2}\cos 2\pi\frac{x}{L}\right) \tag{64}$$

oder

$$\tilde{I}(x) = I_0\left(\frac{1}{4} + \frac{2}{\pi^2}\cos 2\pi\varrho(x)\right), \tag{65}$$

wenn

$$\varrho(x) = \frac{x}{L} \tag{66}$$

die relative Verschiebung der Rasterlinien ausdrückt und in Einheiten der Rasterteilung p_0 gemessen wird. Gleichung (66) stimmt mit dem Ergebnis

$$I(x) = I^* + I_1\cos 2\pi\varrho(x) \tag{67}$$

nach C. A. Sciammarella [25] überein, wenn die Intensität des Untergrundes I^* gleich dem Mittelwert $I_0/4$ gesetzt wird. Die genannte Arbeit bezieht den Einfluß von abbildender Optik in die Rechnung ein. Der Sonderfall von Gleichung (53), der nur die Glieder mit l, $m = 0$; 1 berücksichtigt, entspricht bei der Herleitung von Sciammarella der Annahme, daß nur die erste Beugungsordnung zum Aufbau des Moirébildes beiträgt.

2.2.1.2. Stückweise stetige Funktionen

Eine genaue Berechnung der Intensitätsverteilung nach Gleichung (53) erweist sich als aufwendig, da in diesem Falle eine große Zahl von Gliedern benutzt werden muß. Es wird daher versucht, die Intensität in einer einfacheren Form mittels stückweise stetiger Funktionen herzuleiten. Die Durchlässigkeit eines Rasters werde wieder durch Gleichung (41) beschrieben. Die Transparenz bei Überlagerung von zwei Rastern mit den Teilungen p_0 und p_1 kann aus Abb. 17 abgelesen werden zu

$$
\left.
\begin{array}{l}
\tau_{01}\left\{
\begin{array}{l}
\left(n-\frac{1}{4}\right)p_0 < x < \left(n+\frac{1}{4}\right)p_1 \\
\left(n-\frac{1}{4}\right)p_0 < x < \left(n+\frac{1}{4}\right)p_0 \\
\left(n-\frac{1}{4}\right)p_1 < x < \left(n+\frac{1}{4}\right)p_0 \\
\left(n-\frac{1}{4}\right)p_0 < x < \left(n-\frac{3}{4}\right)p_1
\end{array}
\right\} = 1
\quad
\begin{array}{l}
n = -\frac{k-1}{2} \text{ bzw. } -\frac{k}{2}, \ldots, -3, -2, -1 \\
n = 0, k \\
n = 1, 2, 3, \ldots, \frac{k-1}{2} \text{ bzw. } \frac{k}{2} \\
n = \frac{k-1}{2} + 1 \text{ bzw. } +\frac{k}{2} + 1, \ldots, k-1
\end{array}
\\[2em]
\tau_{01}\left\{
\begin{array}{l}
\left(n+\frac{1}{4}\right)p_1 < x < \left(n+\frac{3}{4}\right)p_0 \\
\left(n+\frac{1}{4}\right)p_0 < x < \left(n+\frac{3}{4}\right)p_1 \\
\left(n+\frac{1}{4}\right)p_0 < x < \left(n+\frac{3}{4}\right)p_0 \\
\left(n+\frac{1}{4}\right)p_1 < x < \left(n+\frac{7}{4}\right)p_0
\end{array}
\right\} = 0
\quad
\begin{array}{l}
n = -\frac{k-1}{2} + 1 \text{ bzw. } -\frac{k}{2} + 1, \ldots, -3, -2, -1 \\
n = 1, 2, 3, \ldots, \frac{k-1}{2} - 1 \text{ bzw. } \frac{k}{2} - 1 \\
n = \frac{k-1}{2} \text{ bzw. } \frac{k}{2} \\
n = \frac{k-1}{2} + 1 \text{ bzw. } \frac{k}{2} + 1, \ldots, k-1,
\end{array}
\end{array}
\right\} \qquad (68)
$$

wobei k eine ungerade bzw. eine gerade Zahl ist.

Die Intensität wird als Mittelwert über ein Intervall

$$\Delta x = z \cdot p_0 \qquad (69)$$

berechnet, wobei z eine ganze Zahl sei.

Aus Abb. 17 geht hervor, daß die Intensität beim Verschieben des Intervalles in x-Richtung stückweise wechselnd konstant bzw. linear veränderlich ist.

Innerhalb eines Bereiches mit konstanter Intensität können die oberen bzw. die unteren Intervallgrenzen folgende Extremwerte annehmen:

$$x_{u_{\max}} = \left(n - \frac{1}{4}\right) p_1 , \qquad x_{0_{\max}} = \left(n - \frac{1}{4}\right) p_1 + z\, p_0 , \tag{70}$$

$$x_{u_{\min}} = x_{0_{\min}} - z\, p_0 , \qquad x_{0_{\min}} = x_{u_{\max}} + (z - 1)\, p_1 . \tag{71}$$

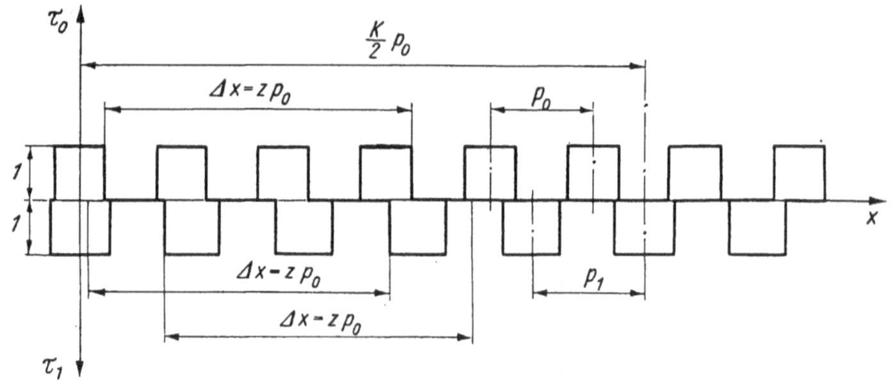

Abb. 17. Durchlässigkeit bei Überlagerung von zwei idealen Rastern

Die Beziehungen (70) und (71) gelten für die Werte $n = 1, 2, \ldots, \frac{k-1}{2}$ bzw. $\frac{k}{2}$ und $1 \leqq z < \frac{k-1}{2}$ bzw. $\frac{k}{2}$. Die mögliche Verschiebung des Intervalles ohne Intensitätsänderung sei als Unschärfe δ bezeichnet. Aus den Gleichungen (70) und (71) ergibt sich

$$\delta = \pm \frac{1}{2} (x_{u_{\max}} - x_{u_{\min}}) = \pm \frac{p_0 (k - z)}{2 (k - 1)} . \tag{72}$$

Für die Mitten x_n der Bereiche konstanter Intensität gilt

$$x_n = \frac{x_{u_{\min}} + x_{0_{\max}}}{2} = \frac{p_0 k}{k - 1} \left(n + \frac{z}{2} - \frac{3}{4}\right) . \tag{73}$$

Die Intensität selbst berechnet sich aus der Summe

$$I_n = \frac{I_0}{\Delta x} \sum_{n}^{n+z-1} \tau_{01} . \tag{74}$$

Wenn $n = 1, 2, \ldots, \frac{k - 1 - (z - 1)}{2}$ bzw. $\frac{k - (z - 1)}{2}$ gilt, so folgt aus Gleichung (74) mit Gleichung (68)

$$I_n = \frac{I_0}{\Delta x} \sum_{n}^{n+z-1} \left[\left(n + \frac{1}{4}\right) p_0 - \left(n - \frac{1}{4}\right) p_1 \right] . \tag{75}$$

Mit den Formeln (57) und (69) ergibt sich

$$I_n = \frac{I_0}{k - 1} \left[\left(\frac{k}{2} - \frac{z}{2} + \frac{1}{4}\right) - n \right] . \tag{76}$$

Die Intensität kann damit durch eine treppenförmige Kurve nach Abb. 18 dargestellt werden. Die Breiten der Stufen sind wegen Gleichung (72), die Stufenhöhen auf Grund der Gleichungen (73) und (76) konstant. Es folgt

$$I_n = I_0\left(\frac{1}{2} - \frac{x_n}{p_0\,k}\right). \tag{77}$$

Die Verbindungsgerade der diskreten Punkte I_n nach Gleichung (77)

$$I(x) = I_0\left(\frac{1}{2} - \frac{x}{p_0\,k}\right) = I_0\left(\frac{1}{2} - \frac{x}{L}\right) \tag{78}$$

stellt die Ausgleichsgerade der Treppenkurve dar. Da nach Gleichung (72) $|\delta| \leqq \frac{p_0}{2}$ ist, gilt für die maximale Abweichung der Ordinate

$$\frac{\delta}{p_0\,k} \leqq \frac{1}{2\,k}. \tag{79}$$

Da voraussetzungsgemäß $k \gg 1$ gilt, beschreibt Gleichung (78) den Intensitätsverlauf hinreichend genau. Für $k = 100$ z. B. ergibt sich nach Gleichung (79) $\frac{\delta}{p_0\,k} \leqq 0{,}005$. Wegen des oben angegebenen Wertebereiches für n gilt Gleichung (78) nur, wenn sich die Intervallgrenzen zwischen $x = 0$ und $x = L/2$ bewegen.

Um den Intensitätsverlauf im Gebiet der Extremwerte zu berechnen, wird von der Intensität $\overline{I}$ über ein Intervall $\overline{\Delta x} = p_0$ ausgegangen.

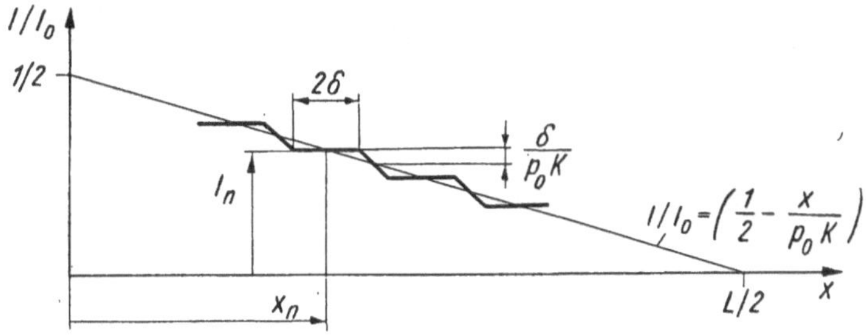

Abb. 18. Intensitätsverlauf

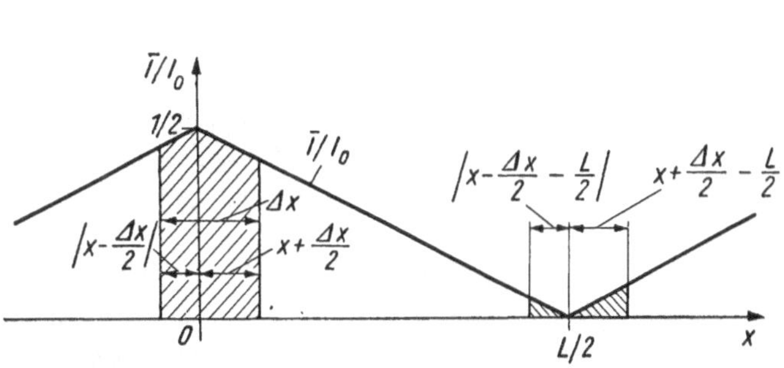

Abb. 19. Berechnung der Intensität im Bereich der Extrema

Für $\overline{I}(x)$ gilt Gleichung (78) praktisch zwischen $x = 0$ und $x = L/2$. Auf Grund der Periodizität kann $\overline{I}(x)$ nach Abb. 19 dargestellt werden. Die Intensität $I(x)$ über ein Intervall $\Delta x = z \cdot p_0$ ergibt sich aus Abb. 19 als die mittlere Ordinate der schraffierten Flächen. Im Bereich $-\frac{\Delta x}{2} \leqq x \leqq \frac{\Delta x}{2}$ gilt

$$I(x) = \frac{1}{2\,\Delta x}\left[\left(x + \frac{\Delta x}{2}\right)\left\langle \overline{I}_{\left(x+\frac{\Delta x}{2}\right)} + \frac{I_0}{2}\right\rangle + \left|x - \frac{\Delta x}{2}\right|\left\langle \overline{I}_{\left|x-\frac{\Delta x}{2}\right|} + \frac{I_0}{2}\right\rangle\right] \tag{80}$$

und mit

$$\overline{I}_{\left(x\pm\frac{\Delta x}{2}\right)} = I_0\left(\frac{1}{2} + \frac{x \pm \frac{\Delta x}{2}}{L}\right) \tag{81}$$

$$I(x) = I_0\left(\frac{-x^2}{\Delta x\,L} - \frac{\Delta x}{4\,L} + \frac{1}{2}\right). \tag{82}$$

Im Bereich $\frac{1}{2}(L - \Delta x) \leqq x \leqq \frac{1}{2}\left(L + \frac{\Delta x}{2}\right)$ gilt

$$I(x) = \frac{1}{2\,\Delta x}\left[\left(x + \frac{\Delta x}{2} - \frac{L}{2}\right)\cdot \overline{I}_{\left(x+\frac{\Delta x}{2}\right)} + \left|x - \frac{\Delta x}{2} - \frac{L}{2}\right|\cdot \overline{I}_{\left(x-\frac{\Delta x}{2}\right)}\right] \tag{83}$$

oder umgeformt

$$I(x) = I_0\left(\frac{x^2}{\Delta x\,L} - \frac{x}{\Delta x} + \frac{L}{4\,\Delta x} + \frac{\Delta x}{4\,L}\right). \tag{84}$$

Nach Einführen der dimensionslosen Koordinate $\varrho(x)$ gemäß Gleichung (66) und der Substitution

$$\Delta\varrho = \frac{\Delta x}{L} \tag{85}$$

erhalten die Gleichungen (82), (78) und (84) die Form

$$\frac{I}{I_0}\left\{\begin{array}{l} -\frac{\Delta\varrho}{2} \leqq \varrho \leqq \frac{\Delta\varrho}{2} \\ \frac{\Delta\varrho}{2} \leqq \varrho \leqq \frac{1}{2} - \frac{\Delta\varrho}{2} \\ \frac{1}{2} - \frac{\Delta\varrho}{2} \leqq \varrho \leqq \frac{1}{2} + \frac{\Delta\varrho}{2} \end{array}\right\} = \left\{\begin{array}{l} \frac{1}{2} - \frac{\Delta\varrho}{4} - \frac{\varrho^2}{\Delta\varrho} \\ \frac{1}{2} - \varrho \\ \frac{1}{4\varrho} + \frac{\Delta\varrho}{4} - \frac{\varrho}{\Delta\varrho} + \frac{\varrho^2}{\Delta\varrho} \end{array}\right. \tag{86}$$

Nach Gleichung (86) wird der funktionelle Zusammenhang zwischen der Lichtintensität und der relativen Verschiebung der Rasterlinien durch eine lineare Funktion mit parabolischen Anschlüssen beschrieben.

2.2.2. Gedrehte Linienraster gleicher Teilung

Zwei Linienraster gleicher Teilung p seien gemäß Abb. 20 um einen Winkel α gegeneinander gedreht. Der Verlauf der Intensität wird normal zur Richtung der Moiréstreifen, d. h. in x-Richtung verfolgt.

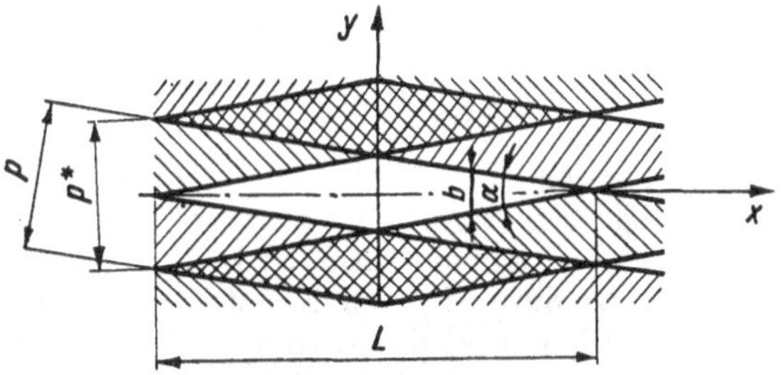

Abb. 20. Zur Lichtintensität bei zwei gedrehten Rastern gleicher Teilung

Die Längsachse des Spaltes vor der Fotozelle falle daher mit der y-Achse zusammen, wobei die Intensität über mehrere Teilungen erfaßt wird. Es genügt, eine Teilung zu betrachten. Nach Abb. 20 gilt für die Intensität an der Stelle x

$$\overline{\overline{I}}(x) = \frac{b(x)}{p^*} = \frac{1}{2} - \frac{x}{L}, \tag{87}$$

wobei $b(x)$ die Breite des Spaltes zwischen zwei Rasterlinien und p^* die in y-Richtung gemessene Rasterteilung darstellen. Da $\overline{\overline{I}}(x)$ und $\overline{I}(x)$ (nach Abschnitt 2.2.1.2.) übereinstimmen, führt die Berechnung des Mittelwertes über die Spaltbreite Δx wieder auf Gleichung (86); d. h., der Verlauf der Lichtintensität zwischen benachbarten Moiréstreifen wird für gedrehte Raster gleicher Teilung und parallele Raster verschiedener Teilung durch das gleiche Gesetz beschrieben.

Wird in Gleichung (86) $\varrho = 0$ bzw. $\varrho = {}^1/_2$ gesetzt, so ergibt sich nach Gleichung (30) der Kontrast

$$K = \frac{1}{2}(1 - \Delta\varrho)\,. \tag{88}$$

Nach Abb. 20 gilt die Beziehung

$$L = \frac{p}{2\sin\frac{\alpha}{2}}\,. \tag{89}$$

Aus den Gleichungen (85), (88) und (89) folgt unter Benutzung von Gleichung (69)

$$K = \frac{1}{2}\left(1 - 2\,z\cdot\sin\frac{\alpha}{2}\right). \tag{90}$$

Gleichung (90) besagt, daß der Kontrast mit zunehmendem Winkel α, der im Versuch dem Gleitwinkel γ entspricht, abnimmt. Selbst im günstigsten Falle, wenn $z = 1$ ist, wird $K = 0$ für $\alpha = 60°$. Als praktische obere Grenze für α geben Kaćzer und Kroupa [11] $\alpha_{grenz} = 30°$ an. Die bekannte Beziehung zwischen dem Schubwinkel und den gleichwertigen Dehnungen

$$\varepsilon_1 = -\,\varepsilon_2 = \tan\frac{\gamma}{2} \tag{91}$$

führt auf die Grenze der meßbaren Dehnung $|\varepsilon_{grenz}| \approx 0{,}3$.

2.3. Messung der Lichtintensität

Um das Intensitätsgesetz nach SCIAMMARELLA mit dem nach Gleichung (86) zu vergleichen und ihre praktische Anwendbarkeit zu prüfen, wurden entsprechende Messungen vorgenommen. Abb. 21 zeigt schematisch den Aufbau der benutzten Meßanordnung. Ein durch eine Lichtquelle L, einen Kondensor K und eine Blende B erzeugtes paralleles Bündel trifft auf die Raster $R_{1,2}$. Ein Spalt blendet einen Teil des durch $R_{1,2}$ hindurchtretenden Lichtes aus, das auf eine Fotodiode fällt. Die Diode wird durch ein stabilisiertes Netzgerät gespeist. Der entstehende Fotostrom J ist nach [26] exakt proportional zur auftreffenden Intensität.

Die Relativbewegung zwischen Raster und Fotodiode ermöglicht ein ZEISS-Meßmikroskop, Abb. 22. Die Raster liegen auf dem Koordinaten-Tisch des Mikroskopes. Die Fotodiode befindet sich in einer Fassung, die auch den Spalt trägt und am Stativ befestigt ist.

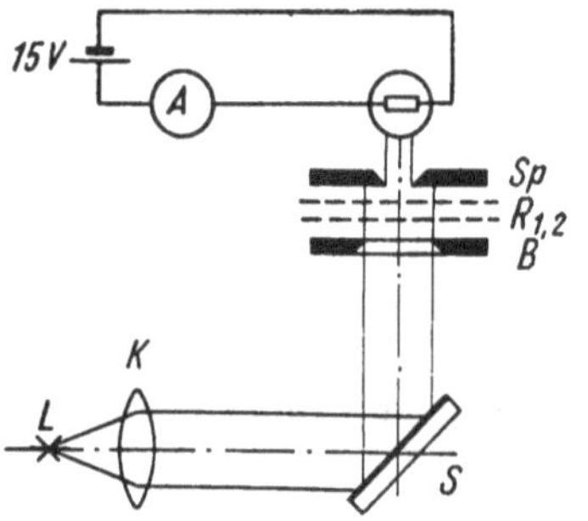

Abb. 21. Schema der Meßanordnung.

L Lichtquelle, K Kondensor, S Spiegel, B Blende, $R_{1,2}$ Raster, Sp Spalt, Fotodiode GP 119 (VEB Werk für Fernsehelektronik, Berlin), Gleichstrommeßgerät $\Delta U = 50 \cdots 100$ mV

Abb. 23 zeigt den Verlauf der Lichtintensität bei parallelen Rastern mit gering verschiedener Teilung. Als Raster dienten ein Glasgravur-Raster und eine fotografische Aufnahme desselben auf eine fototechnische Platte. Der Intensitätsverlust durch die Glasplatten der Raster und der Dunkelstrom J_D sind berücksichtigt. Abb. 24 zeigt die Intensitätsverteilung bei gedrehten Rastern gleicher Teilung. Als Raster dienten zwei Kontaktkopien eines Glasgravur-Rasters.

Die Meßwerte bestätigen den geradlinigen Verlauf der Intensität nach Gleichung (86). Auch die parabolischen Anschlüsse sind verifiziert. Eine Ausnahme bildet das Maximum von Abb. 23. Die wesentliche Ursache besteht darin, daß die Rasterlinien der fotografischen Aufnahme nicht scharfkantig sind; d. h. die Durchlässigkeit entspricht nur näherungsweise Gleichung (41). Das gleiche gilt in vermindertem Maße auch für die Kontaktkopien. Dennoch zeigt die Meßkurve von Abb. 24 nur eine geringe Parallelverschiebung in Richtung der Ordinate gegenüber den Werten nach Gleichung (86). Die Verschiebung beruht hauptsächlich auf der vorhandenen Abweichung vom Linienverhältnis 1:1, die bereits der Glasgravur-Raster besitzt.

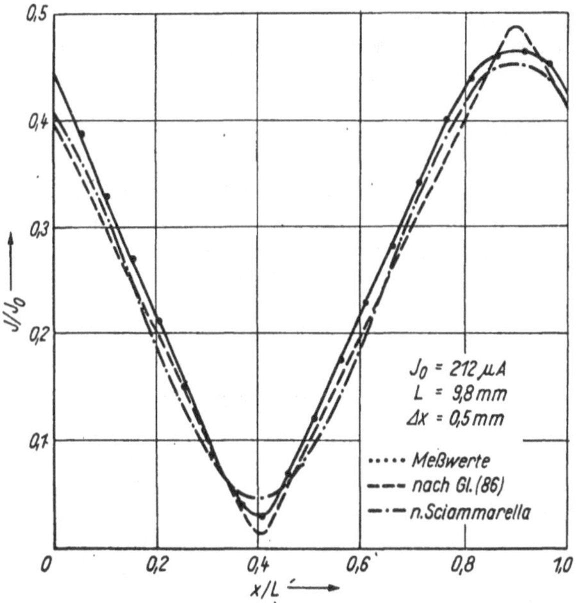

Abb. 23. Lichtintensitätsverlauf bei parallelen Rastern
1 Glasgravur-Raster $p = 103\,\mu m$, $b = 60\,\mu m$; 1 ORWO FU 5-Platte $p = 102\,\mu m$, $b = 54\,\mu m$

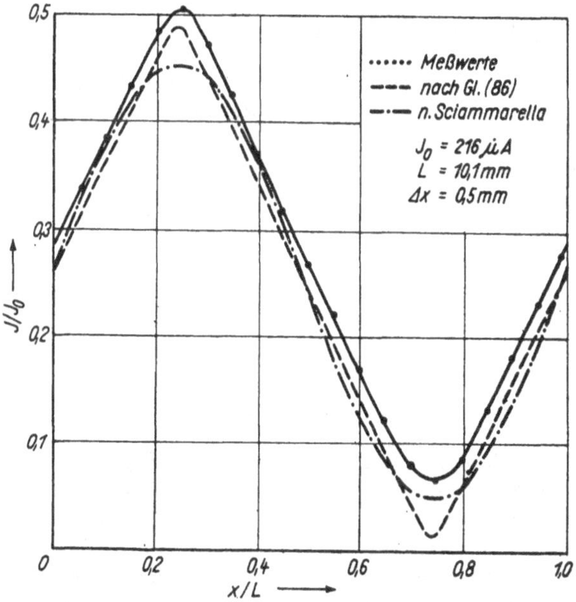

Abb. 24. Lichtintensitätsverlauf bei gedrehten Rastern
2 ORWO PU–P-Platten $p = 176\,\mu m$, $b = 82\,\mu m$

Die Konturentreue der Kopien läßt sich durch Benutzung von Fotokopierlacken wesentlich steigern. Nach der im Abschnitt 3.2 beschriebenen Technik gelingt es, die Linienbreite auf 1 μm genau wiederzugeben, wenn entsprechende Präzisionsraster vorliegen. Die Lacklinien besitzen wegen ihrer extrem geringen Dicke nach dem Anfärben eine gewisse Lichtdurchlässigkeit und stellen diesbezüglich auch keine idealen Raster dar.

Es kann also festgestellt werden, daß die Ermittlung beliebiger Bruchteile der Moiréordnung aus Intensitätsdifferenzen relativ unsicher ist. Dagegen können Intensitätsmessungen zur genauen Bestimmung der Abstände der ganzen und halben Ordnungen sowie zur elektronischen Auswertung der Moirébilder dienen.

3. Herstellung von Objektrastern

Die in den folgenden Kapiteln dargelegten Anwendungen des Moiréeffektes benutzen stets das Meßprinzip der Überlagerung von Bezugsraster und verzerrtem Objektraster, Abschnitt 1.2.1. Die wichtigste versuchstechnische Voraussetzung dieser Anwendungen besteht in der Erzeugung geeigneter Objektraster. Es erscheint daher zweckmäßig, die Grundlagen der Herstellung von Objektrastern, sowie die Erfahrungen mit ORWO-Fotokopierlacken, die bei dem Kopieren der Raster stets benutzt wurden, zusammenzufassen.

3.1. Übersicht über die Herstellung von Objektrastern

3.1.1. Geforderte Eigenschaften der Objektraster

Die Wahl einer optimalen Technologie hängt wesentlich von Eigenschaften des Erzeugnisses ab. Von Objektrastern werden folgende Eigenschaften gefordert:

1) Maßhaltigkeit,
2) optisch ideales Verhalten (Raster aus vollkommen lichtdurchlässigen bzw. reflektierenden und undurchlässigen Elementen),
3) gute Haft- und Abriebfestigkeit,
4) kein Einfluß auf den Meßvorgang (Raster möglichst dünn und leicht verformbar, nötigenfalls einfach entfernbar),
5) in Sonderfällen: Beständigkeit bei hohen Temperaturen.

3.1.2. Herstellungsverfahren für Raster

Raster können nach mechanischen, fotochemischen, chemischen, elektrolytischen, vakuumtechnischen und elektronischen Verfahren hergestellt werden. Auf mechanischem Wege erzeugte Raster besitzen die Eigenschaften 2) bis 5). Maßbeständigkeit ist jedoch nur beim Einsatz von Präzisionsteilmaschinen erreichbar. Umfangreiche und schwere Objekte scheiden dabei aus. Zur Bearbeitung dieser sind übliche Werkzeugmaschinen herangezogen worden [27, 28], wobei nur grobe Teilungen erzielt wurden, deren Maßhaltigkeit nicht befriedigte.

Die mechanische Herstellung ist auch gegenwärtig zur Erzeugung von Rasteroriginalen unumgänglich: Die polygrafische Industrie stellt ihre Originale durch Gravieren von Glasscheiben her, wobei maximal 13,3 Linien/mm auf einem Format von 120×120 mm gefertigt werden (Hersteller: Firma KLIMSCH & Co. Frankfurt/Main). Optische Beugungsgitter entstehen durch Abtragen von Metallschichten auf Glas. Die Raster werden bis zu einigen Hundert Linien/mm ausgeführt (Hersteller: VEB CARL ZEISS Jena).

Der hauptsächliche Nachteil der mechanischen Herstellung besteht in ihren hohen Kosten. Die fotochemischen Verfahren, die teilweise aus der Technik der Druckerei stammen, sind wesentlich produktiver. Natürlich müssen entsprechende Rastervorlagen (Originale oder hochwertige Kopien) vorhanden sein. Die Raster werden als Kontaktkopien erzeugt. Anlage 1 enthält eine Aufstellung von lichtempfindlichen Schichten, die verschiedene Verfasser benutzten. Gegenüber den herkömmlichen Silber-Gelatine-Schichten erweisen sich die neuerdings entwickelten organischen Fotokopierlacke als vorteilhaft, da sie ein hohes Auflösungsvermögen besitzen, kornfrei sind und ein Relief ergeben, das die Grundlage für eine weitere elektrolytische, chemische und vakuumtechnische Behandlung bildet.

Die fotochemisch erzeugten Raster besitzen im allgemeinen die Eigenschaften 1), 2) und 4). Die Eigenschaften 3) und 5) können durch Anwendung der genannten Verfahren erreicht werden.

Die elektrolytische Behandlung erstreckt sich auf das elektrolytische Ätzen und das Galvanisieren. Durch das Ätzen können Raster in Form von Vertiefungen in metallischen Objekten erzeugt werden [40]. Dazu ist auf das Teil ein Lackraster zu kopieren. Nach dem Ätzen der lackfreien Stellen kann das Lackrelief durch entsprechende Lösungsmittel abgewaschen werden. Geätzte Raster sind natürlicherweise abriebfester als Raster aus Fotolack. Das Ätzen kann ebenso auf chemischem Wege erfolgen. Bei der galvanischen Behandlung, als Umkehrvorgang zum elektrolytischen Ätzen, entstehen die Raster als Erhebungen. Es bestehen 2 Formen:

1) Bei metallischen Unterlagen, die Lackraster tragen, schlägt sich das galvanische Metall auf den lackfreien Stellen nieder.
2) Nichtmetallische Unterlagen müssen bereits einen metallischen Raster tragen, auf dem ein zweiter galvanisch erzeugt wird.

Die Haftfestigkeit von galvanischen Niederschlägen kann durch die Wahl entsprechender Metallpaarungen stark beeinflußt werden. Gut haftende Überzüge können zur qualitativen Verbesserung von Rastern (Erhöhung des Reflexionsgrades) dienen. Wenig haftende Überzüge lassen sich von der Unterlage lösen. Sogenannte Feinstrukturnetze entstehen z. B. durch Galvanisieren von Nickel oder Kupfer auf einen Kreuzraster aus Chrom, der sich auf einer Glasunterlage befindet. Solche Netze werden bis zu 30 Teilungen/mm und einem Durchmesser bis zu 90 mm gefertigt (Hersteller: VEB CARL ZEISS Jena).

Durch Bedampfen von Objekten mit Metall im Hochvakuum können auf direktem oder indirektem Wege Raster erzeugt werden. Der direkte Weg besteht im Auflegen einer Maske (wie z. B. eines Feinstrukturnetzes), die die Form des Rasternegatives besitzt, auf das Teil. Beim indirekten Verfahren wird ein Lackraster benutzt. Es gibt 2 Methoden:

1) Wenn das Lackrelief über einer metallischen Aufdampfschicht liegt, wird die Schicht geätzt.
2) Wenn das Lackrelief unter der Schicht liegt, wird durch Quellen des Lackes die Schicht abgehoben. Die Aufdampfschicht muß so dünn sein, daß das Lösungsmittel hindurchdiffundieren kann.

Gegenüber den galvanischen Überzügen, die eine durch die Unterlage bestimmte Struktur besitzen, sind die im Hochvakuum erzeugten Schichten praktisch strukturlos. Die Aufdampfschichten können wesentlich dünner und gleichmäßiger erzeugt werden. Sie besitzen ein außerordentlich hohes Reflexionsvermögen. Zum Verdampfen eignen sich mehr Stoffe als zum Galvanisieren.

In die Reihe der Herstellungsverfahren gehört auch das Elektronenstrahl-Schneiden von Metall, das sich gegenwärtig noch in der Entwicklung befindet. Die Zukunft wird zeigen, in welchem Maße es die anderen Verfahren, insbesondere zur Herstellung der Raster-Originale, verdrängt.

3.1.3. Wege zur Herstellung von Objektrastern

Die Herstellung von Objektrastern kann prinzipiell auf drei verschiedenen Wegen erfolgen:

1) unmittelbar auf dem zu untersuchenden Objekt,
2) auf einem Träger, der mit dem Objekt verbunden wird,
3) durch Übertragen von einem Hilfsträger auf das Objekt.

Der Weg 1) wird nur in einer geringen Zahl von Anwendungen gangbar sein, da die Raster-Herstellungsverfahren bestimmte Eigenschaften des Objektes – wie Ebenheit, Glattheit, geringes Gewicht, geringe Ausdehnung, geringe Härte, elektrische Leitfähigkeit, Zugänglichkeit, chemische Beständigkeit, hohen Dampfdruck u. ä. – voraussetzen. Bei Modellversuchen sind diese Bedingungen eher zu realisieren als bei Messungen an Originalbauteilen.

Der Weg 2) umgeht diese Schwierigkeiten, da der Träger entsprechend ausgewählt werden kann. Beispiele sind der aufgeklebte fotografische Film und die im Kapitel 6 beschriebene Anwendung. Ein Nachteil besteht darin, daß der Träger den Meßwert verfälschen oder den Meßvorgang beeinflussen kann.

Der Weg 3) beruht darauf, daß der Raster auf dem Objekt besser haftet als auf einem Hilfsträger, der zur Präparation des Rasters dient. Die Arbeitsgänge sind das Ablösen des Rasters vom Hilfsträger, das Übertragen des Rasters auf das Objekt und das Fixieren des Rasters auf dem Objekt. Das Ablösen des Rasters kann zeitlich

3.1) vor dem Übertragen,
3.2) nach dem Übertragen,
3.3) nach dem Fixieren

erfolgen.

Die Variante 3.1) ist nur bei Benutzung von Rastern mit einer freitragenden Struktur möglich. Als Beispiel sei das Aufkleben eines Feinstrukturnetzes auf ein Objekt genannt. Der Nachteil besteht darin, daß der Raster beim Ablösen bleibende Verzerrungen erfahren kann, womit die Maßhaltigkeit nicht gewährt ist.

Bei der Variante 3.2) können Verzerrungen während des Übertragens auftreten. Ein einfaches Beispiel stellt das Drucken eines Rasters dar. Der Farbstoffraster wird auf der Druckplatte (Hilfsträger) erzeugt und auf das Objekt gedruckt (übertragen). Die Druckplatte wird entfernt, bevor der Farbstoff getrocknet (fixiert) ist.

Die Variante 3.3) schließt Verzerrungen des Rasters praktisch aus, da das Ablösen erst nach dem Fixieren erfolgt. Die technische Durchführung geschieht zweckmäßigerweise durch Kleben der Raster. Die Haftung zwischen Klebstoff und Hilfsträger darf dabei nur sehr gering sein, damit der Hilfsträger nach dem Härten des Klebstoffes (Fixieren) leicht abgelöst werden kann.

Die Wege 2) und 3) eignen sich, im Gegensatz zu 1), für eine zentrale Herstellung der Raster auf den Trägern bzw. Hilfsträgern. Eine zentrale Fertigung besitzt den Vorteil, daß sie unter günstigsten technologischen Bedingungen (Präzision, Sauberkeit) bei niedrigen Kosten erfolgen kann. Der Anwender des Meßverfahrens braucht lediglich die Klebetechnik zu beherrschen, was im allgemeinen gegeben ist. Die nach Weg 3) erzeugten Objektraster verfälschen den Meßwert bzw. beeinflussen den Meßvorgang praktisch nicht, da der Träger entfällt. Da Maßhaltigkeit der Raster unbedingt erforderlich ist, erweist sich die Variante 3.3) als der geeignetste Weg. Beispiele für die praktische Ausführung enthalten die Abschnitte 3.2.2. und 4.1.2.

3.2. Erfahrungen mit ORWO-Fotokopierlacken

3.2.1. Herstellen von Lackrastern im Kontakt–Kopier-Verfahren

Zu den im Abschnitt 3.1.2. erwähnten Fotolacken gehören die ORWO-Fotokopierlacke FK 1 und FK 11 (Hersteller: VEB Filmfabrik Wolfen). Eine große Zahl von Versuchen mit diesen Lacken ergab, daß sie ein ausgezeichnetes Hilfsmittel zur Herstellung von Objektrastern darstellen. Die im folgenden dargelegten Erfahrungen betreffs der Herstellung von Rasterkopien im Kontaktverfahren beziehen sich auf Unterlagen aus Glas. Die Lacke sind ebenso zum Kopieren auf die üblichen Modellwerkstoffe, wie Epoxidharze, Plexiglas, VP 1527, Umapolar und auf metallische Werkstoffe geeignet. Die angegebenen technologischen Daten können im allgemeinen übernommen werden. Die Qualität der Kopien hängt natürlich von der Ebenheit und Glattheit der betreffenden Oberflächen ab. Bei reflektierenden Objekten ist die Belichtungszeit um etwa $^1/_3$ kürzer zu wählen.

3.2.1.1. Beschichten

Dem Beschichten geht das Reinigen der Unterlage voraus. Bei Glasplatten genügt meist Waschen in konzentrierter FIT-Lauge (Hersteller: VEB Fettchemie Karl-Marx-Stadt) bei 40 °C und nachfolgendes Abspülen mit destilliertem Wasser. Bei stärkerer Verschmutzung können aggressivere Mittel, wie Natronlauge oder Chromschwefelsäure benutzt werden; bei Metallen organische Lösungsmittel, wie Tetrachlorkohlenstoff, Azeton und Toluol.

Zur Vermeidung eines Reflexionslichthofes erhalten die Rückseiten der Glasplatten eine angefärbte Lackschicht. Diesem Zweck dient einfacherweise mit Sudanschwarz (Hersteller: VEB Farbenfabrik Wolfen) gefärbter Fotolack FK 1.

Das Beschichten der Rückschicht geschieht durch Auftropfen und Ausstreichen mit einem Glasstab. Die Schicht trocknet innerhalb weniger Minuten und wird nach dem Belichten mit dem Lacklösungsmittel L 151 entfernt.

Der Fotokopierlack erlaubt wegen seiner Empfindlichkeit im ultravioletten Strahlungsbereich ($\lambda = 280 \cdots 380$ nm) ein Arbeiten bei gedämpftem Tages- oder Glühlampenlicht. Das sicherste Verfahren zur Erzielung einer gleichmäßig dicken Lackschicht besteht nach [42] im Schleudern des Objektes. Die erzielte Schichtdicke hängt dann von der Umfangsgeschwindigkeit der Schleuder und der Viskosität des Lackes ab. Die Umfangsgeschwindigkeit läßt sich durch Steuern der Schleuderdrehzahl, die Viskosität durch Zugabe der Verdünnungsmittel L 151 bzw. L 161 zu den Lacken FK 1 bzw. FK 11 einstellen. Um scharfe Kopien zu erhalten und das Auflösungsvermögen (nach [42] für FK 1 3···4 µm, für FK 11 1···3 µm) weitgehend auszunutzen, besteht die Aufgabe, gleichmäßige, weniger als 1 µm dicke, zusammenhängende Schichten zu erzeugen. Entsprechende Versuchsreihen ergaben eine Drehzahl von 400 U/min und ein Verdünnungsverhältnis von 40 Volumen-Teilen Verdünner auf 100 Teile Lack.

Das Beschichten selbst geschieht so, daß der verdünnte Lack mit einer Pipette auf die Glasscheibe aufgetropft (0,2 ml auf 50×50 mm), mit der flachen Pipette über die ganze Fläche ausgestrichen und auf einer Schleuder mit vertikaler Achse, Abb. 25, abgeschleudert wird. Der Lack trocknet während des Schleuderns an. Die erforderliche Zeit (bei Raumtemperatur für FK 1 etwa 1 min, für FK 11 etwa 2 min) nimmt mit der Viskosität ab. Ein Nachtrocknen der Schicht während einiger Stunden bei Raumtemperatur erhöht die Qualität der Kopie.

3.2.1.2. Belichten

Durch Belichten mit ultravioletter Strahlung erleiden die Fotokopierlacke eine Molekülvergrößerung, wodurch sie ihre Löslichkeit in bestimmten organischen Lösungsmitteln, die der Entwickler enthält, verlieren. Die Fotolacke besitzen im Vergleich zu üblichen Silber-Gelatine-Schichten eine sehr geringe Lichtempfindlichkeit. Zur Belichtung dient daher eine Quecksilber-Hochdrucklampe vom Typ HQA 400 (Hersteller: VEB Berliner Glühlampenwerk) mit einer Leistungsaufnahme von 400 W und einem Lichtstrom von 22000 lm.

Die Konturenschärfe der Kopie hängt von der Parallelität des Kopierlichtes und dem Kontakt zwischen Vorlage und Objekt ab. Ein Abstand von 1 m zwischen Lampe und Objekt ermöglicht einen gerichteten Strahlengang ohne Benutzung eines Kondensors. Der nötige Kontakt wird durch einen Vakuumkopiertisch erzeugt (Hersteller: VEB Reprotechnik Leipzig). Der Tisch besitzt eine Kristallglasplatte und eine Gummimembran, deren Zwischenraum nach Einlegen des Kopiermaterials evakuiert wird. Dabei entsteht eine Flächenpressung von etwa 0,9 kp/cm^2. Abb. 26 zeigt die Anordnung von Vakuumkopiertisch und Lampenkasten. Da die Lampe eine Anheizdauer von 4···5 min benötigt, wird die Belichtungszeit durch Öffnen und Schließen des Lampenkastens begrenzt. Die Tischglasscheibe wird mit einer Wasserwaage horizontal ausgerichtet; die Lage des Kopiergutes durch Fällen des Lotes von der Lampe aus bestimmt.

Die erforderliche Belichtungszeit hängt von der Art der Lampe sowie von der Rastervorlage ab. Sie wird daher in Versuchsreihen bestimmt. Als Kriterien für die optimale Belichtung dienen das Verhältnis der Höhe des entwickelten Lackreliefs zur Dicke der nichtentwickelten Schicht und das Linienverhältnis 1:1. Das Linienverhältnis wurde mikroskopisch unter Verwendung einer Okularmeßschraube beurteilt. Zum Aufzeichnen des Lackreliefs diente ein Oberflächen-Prüfgerät vom Typ TALYSURF.

Anlage 2 zeigt die Profile von Rasterkopien mittels Fotokopierlack FK 1, die auf dem TALYSURF-Gerät gemessen wurden. Als Vorlage diente ein Rasterkopierfilm, Muster LL 133 (Hersteller: Firma KLIMSCH & CO. Frankfurt/Main). Es ist deutlich erkennbar, daß die Profilhöhe mit zunehmender Belichtungszeit der Proben wächst und einen Sättigungswert von 0,35 μm bei der Belichtungszeit von 15 min erreicht. Eine weitere Erhöhung der Belichtungszeit führt zur Veränderung des Linienverhältnisses. Die Belichtungszeit von 15 min stellt hier das Optimum dar. Entsprechend Probe 6 beträgt die Dicke der nichtentwickelten Lackschicht 0,4 μm. Das Entwickeln bewirkt also ein geringfügiges Abtragen des Profils.

Anlage 3 zeigt die entsprechenden Profile für den Fotokopierlack FK 11. Das Rechteckprofil wird erst bei einer Belichtungszeit von 120 min voll ausgebildet. Die Belichtungszeit könnte durch Verwendung einer Quecksilber-Höchstdrucklampe, wie z. B. vom Typ HBO 500, verkürzt werden, da deren Strahlung einen größeren ultravioletten Anteil besitzt.

Anlage 4 gibt die Profile von Kopien mit FK 1 wieder, wobei ein Chromraster auf Glas als Vorlage diente. Es zeigt sich die gleiche Tendenz wie bei den Profilen von Anlage 2. Der letzte Schrieb bestätigt, daß die Reliefhöhe über der Rasterfläche von 50×50 mm hinreichend konstant ist.

3.2.1.3. Entwickeln

Der Entwicklungsvorgang besteht im Lösen der unbelichteten Lackteile durch organische Lösungsmittel. Hierzu dienen konfektionierte Lösungsmittel, der Entwickler L 101 für FK 1 bzw. der Entwickler L 111 für FK 11. Das Entwickeln vollzieht sich beim Tauchen des Objektes in diese Lösungsmittel während einer Zeit von 3 min.

Der Hersteller gibt an [42], daß der Entwickler durch Einwirken mit einem Wasserstrahl entfernt werden kann. Eigene Versuche zeigten, daß die mit Wasser abgespülten Proben bei mikroskopischer Betrachtung eine deutliche Struktur aufweisen. Eine Prüfung mit dem TALYSURF-Gerät, Abb. 27, ergab, daß es sich um kraterförmige Vertiefungen handelt, die teilweise bis zur Unterlage vordringen. Selbst wenn man bedenkt, daß das Relief sehr stark überhöht dargestellt ist, erscheint die Kopie für eine weitere chemische oder elektrolytische Behandlung nicht geeignet. Es muß auch vermerkt werden, daß der Entwickler Lösungsmittel, wie z. B. Toluol enthält, die aus hygienischen Gründen und wegen ihrer Feuergefährlichkeit nicht in das Abwasser gebracht werden dürfen.

Statt des Abspülens mit Wasser ist daher das Verdunsten des Entwicklers abzuwarten. Während des Verdunstungsvorganges steht die Glasscheibe zweckmäßigerweise aufrecht. Der zur unteren Kante abfließende Entwickler wird durch ein Fließpapier aufgesaugt. Die kopierten Rasterlinien zeigen bei 500-facher Mikroskopvergrößerung keine Struktur. Dies bestätigen auch die Schriebe der Anlagen 2 bis 4. Der verdunstende Entwickler muß jedoch frisch sein; d. h. er darf praktisch keine gelösten Lackteile enthalten, die sich als Reste auf der Probe absetzen können.

Um den Verbrauch an Entwickler in gewissen Grenzen zu halten, geschieht der Entwicklungsvorgang in mehreren Stufen. Die Objekte werden je 1 min in 3 schmale, aufrecht stehende Küvetten getaucht. Sie enthalten 200 ml Entwickler, der zum Tauchen von Glasscheiben im Format 120 × 120 mm gerade ausreicht. Auf das Tauchen folgt ein 2faches Abspülen der kopierten Schicht mit je 100 ml Entwickler, der aufgefangen wird und nach 10 Proben für die 3. Küvette Verwendung findet. Entsprechend werden die Entwickler der 3. und 2. Küvette bzw. der 2. und 1. Küvette getauscht.

Das entwickelte Lackrelief bedarf keiner weiteren chemischen Behandlung. Der Lackraster muß jedoch noch angefärbt werden, wenn er zur Erzeugung eines Moiréeffektes dient. Das Anfärben geschieht durch Aufgießen von Entwickler, der Sudanschwarz enthält. Die in [42] angegebene Farbstoffmenge von 2 g/l reicht zu diesem Zweck nicht aus. Es können 10 g/l benutzt werden.

Der Hersteller gibt eine Lagerfähigkeit der Kopierlacke von länger als 6 Monaten an [42]. Eigene Versuche ergaben, daß der Fotokopierlack FK 1 selbst nach einer Lagerung von 18 Monaten bei Raumtemperatur keine Qualitätsminderung aufweist. Auch das vom Hersteller angegebene Auflösungsvermögen wird übertroffen. Der Lack FK 1 zeichnet noch Linien von 2 μm Breite einwandfrei. Die Abb. 28 und 29 zeigen Mikrofotos von FK 1-Linienrastern mit 25 L/mm bzw. 250 L/mm. Als Vorlage dienten Chrom-Linienraster auf Glas (Hersteller: VEB Carl Zeiss Jena).

3.2.2. Übertragen von Fotolack-Rastern

Das Übertragen der Raster von einem Hilfsträger auf das Objekt besitzt nach Abschnitt 3.1.3. mehrere Vorzüge im Vergleich zum direkten Kopieren auf das Objekt. Es wird daher ein Übertragen von Fotolack-Rastern angestrebt.

Ein Klebstoff zum Fixieren eines Rasters auf einem Objekt muß folgende Eigenschaften besitzen:

1) gute Haftung mit dem Raster,
2) gute Haftung mit möglichst vielen Objektwerkstoffen,
3) geringe Schrumpfung (lösungsmittelfreier Klebstoff),
4) Anpassungsfähigkeit der mechanischen Eigenschaften,
5) Transparenz.

Von den gegenwärtig bekannten Klebstoffen erfüllen die Epoxidharze am besten die Eigenschaften 2) bis 5).

Ein geeigneter Hilfsträger wird nach folgenden Kriterien ausgewählt:

1) Eignung zum Kopieren mit Fotolacken,
2) geringe Haftung der kopierten Schicht,
3) nicht klebbar mit Epoxidharzen,
4) Maßbeständigkeit.

Als Trennmittel für Epoxidharze eignen sich verschiedene Plaste, wie Polyäthylen, Polyester, Polyamid. Die Maßbeständigkeit wird von Polyester erfüllt.

Polyesterfolien werden als Filmträger benutzt, wenn eine besonders hohe Maßhaltigkeit erforderlich ist [23, S. 119]. Damit ist der Hilfsträger auf die Eigenschaften 1) und 2) bzw. der Klebstoff auf die Eigenschaft 1) zu prüfen.

Zu diesem Zweck werden auf Polyesterfolien von 100 μm Dicke (Hersteller: Imperial Chemical Industry, England, der VEB Filmfabrik Wolfen beabsichtigt die Aufnahme der Produktion solcher Folien) Fotolack-Raster kopiert. Nach der im Abschnitt 3.2.1. beschriebenen Technik gelingt es, mit FK 1 Linienraster mit 250 L/mm herzustellen. Die Belichtungszeit beträgt dabei 11 min.

Die Maßhaltigkeit der Kopie kann durch Auflegen des Bezugsrasters mittels des Moiréeffektes geprüft werden. Bei maßhaltigen Kopien verschwindet der Effekt, wenn die Rasterlinienscharen parallel verlaufen. Eine Prüfung der Folien, wobei diese zwischen eine planparallele Glasplatte und den Bezugsraster gelegt und im monochromatischen Licht betrachtet wurden, ergab, daß der verbleibende Effekt geringer als eine Moiréordnung war. Die Meßunsicherheit der Dehnung ε_F folgt nach Gleichung (9), Abschnitt 1.2.1.,

$$\varepsilon_F = \frac{m \cdot p}{l}, \tag{92}$$

$$\varepsilon_F < 10^{-4}, \tag{93}$$

wobei die Bezugslänge l gleich der Rasterbreite von 50 mm gesetzt wurde. Die Meßunsicherheit ε_F stellt einen Summenfehler dar, der eventuelle Verzerrungen der Folie, des Lackreliefs und Ungenauigkeiten des Bezugsrasters erfaßt.

Als Objekte dienen Kreisscheiben aus dem Epoxidharz Epilox EG 1 von 50 mm Durchmesser und 10 mm Dicke. Die kopierte Lackschicht wird mit dem Epoxidharz Epilox EGK 19 geklebt. Dabei erfolgt eine Belastung der Folie durch eine planparallele Glasplatte. Nach dem Härten des Klebstoffes, das bei Raumtemperatur 24 Stunden dauert, lassen sich die Folien leicht ablösen. Eine mikroskopische Betrachtung nach dem Anfärben der Objekte zeigt, daß die Lackraster vollständig übertragen werden. Die beschriebene Technik kann auch bei Benutzung von elastifizierten Epoxidharzen [21] angewandt werden, wenn der Weichmacheranteil nicht mehr als 50 Gewichtsteile auf 100 Teile Harz beträgt. An einem Beispiel sei die Anwendung von Objektrastern mit 250 L/mm demonstriert.

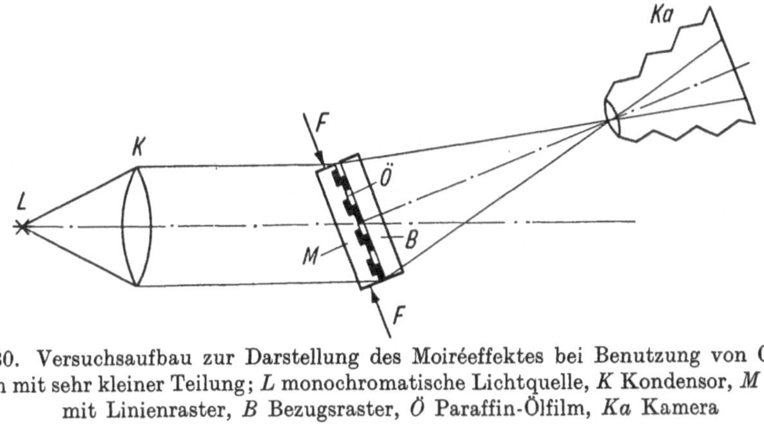

Abb. 30. Versuchsaufbau zur Darstellung des Moiréeffektes bei Benutzung von Objektrastern mit sehr kleiner Teilung; *L* monochromatische Lichtquelle, *K* Kondensor, *M* Modell mit Linienraster, *B* Bezugsraster, *Ö* Paraffin-Ölfilm, *Ka* Kamera

Abb. 30 zeigt den benutzten Versuchsaufbau. Das Licht einer monochromatischen Quelle L wird durch einen Kondensor parallel gerichtet. Das Modell M ist eine der beschriebenen Kreisscheiben. Sie wird in einem üblichen Belastungsrahmen über einen Kraftmeßbügel diametral gedrückt. Der Bezugsraster B haftet mittels eines dünnen Filmes von flüssigem Paraffin an der Scheibenoberfläche und wird im unbelasteten Zustand parallel zum Objektraster ausgerichtet. Der bei der Belastung entstehende Moiréeffekt besitzt den größten Kontrast, wenn er durch die 1. Beugungsordnung der Lichtquelle erzeugt wird. Um das Moirébild verzerrungsfrei aufzunehmen, wird der Belastungsrahmen so geneigt, daß die Normale zur Modelloberfläche mit der Richtung der 1. Beugungsordnung und der optischen Achse der Kamara Ka übereinstimmt.

Die Abb. 31 bzw. 32 zeigen die v- bzw. u-Isothetenscharen, die mit dieser Anordnung aufgenommen wurden.

4. Anwendung des Moiréeffektes zur Lösung eines elastischen Problems

Spannungsanalyse einer Motorengrundplatte mittels eines Gummimodells

Motorengrundplatten sind kompliziert berandete räumliche Bauteile mit einer Symmetrie-Ebene, in der die Kräfte eingeleitet werden. Die Arbeiten von Vocke [1], Müller [2] und die des Verfassers [44] legen dar, daß sich Grundplatten günstig als Gummimodelle nachbilden lassen. Wegen der geringen Kräfte, die diese Modelle zur Erzielung einer bestimmten Deformation erfordern, können auch komplizierte Belastungsfälle beherrscht werden.

Die Analyse des Dehnungsverlaufs an den Modellen nach dem Dehngitterverfahren [3] erwies sich als unökonomisch, insbesondere wegen des Umstandes, daß eine große Zahl verschiedener Konstruktionsformen für die Industrie zu untersuchen war. Die Anwendung des spannungsoptischen Reflexionsverfahrens auf der Grundlage optisch empfindlicher Oberflächenschichten bedeutete eine wesentliche Rationalisierung der Messung. Die Eignung dieses Verfahrens zur Messung an Gummimodellen wurde von Heymann [45] durch die Entwicklung einer speziellen Schicht ermöglicht. Die Anwendung des Moiréeffektes zur Dehnungsanalyse an Gummimodellen stellt eine weitere Möglichkeit zur Rationalisierung der Messung dar.

4.1. Versuchstechnik

4.1.1. Modellwerkstoff und Herstellung der Modelle

Als Modellwerkstoff dient Porokrepp, der in Form von Platten mit einer Größe von $1 \times 1{,}5$ m und einer Dicke von $6 \cdots 12$ mm geliefert wird (Hersteller: VEB Gummikombinat Thüringen, Waltershausen). Der Modellwerkstoff besitzt, wie in der Arbeit [46] des Verfassers dargelegt ist, gute elastische Eigenschaften. Ein geringes Kriechen des Materials klingt nach einer Zeit von 5 min ab. Die Spannungs–Dehnungs-Kurve verläuft bis nahezu 30% Dehnung linear. Die Poissonsche Konstante beträgt auf Grund der Porosität $\nu \approx 0{,}35$. Der

Werkstoff eignet sich gut zur Modellierung metallischer Bauteile, da er wegen der Größe von ν das POISSONsche Modellgesetz erfüllt.

Die Modelle entstehen durch das schichtweise Zusammenkleben von bearbeiteten Platten. Das Bearbeiten der Platten geschieht durch Schneiden auf Band- und Dekupiersägen, Schleifen auf Bimsscheiben und üblichen Schleifscheiben sowie mittels Spezialwerkzeugen [47]. Abb. 33 zeigt Gummimodelle von einer Grundplatte, einem Lagerdeckel, einem Abschnitt der Kurbelwelle und einem Zylinderblock.

4.1.2. Herstellung der Modellraster

Zur Erzeugung des Moiréeffektes im reflektierenden Licht sind auf den Gummimodellen Reflexionsraster herzustellen. Als hochwertige Spiegel sind Aluminium-Aufdampfschichten bekannt, die nach Silber den zweithöchsten Reflexionsgrad mit 93% im sichtbaren Bereich des Spektrums besitzen [48] und sich als Oberflächenspiegel eignen, da sie gegenüber der Luft der Atmosphäre beständig sind. Aus naheliegenden Gründen kann die Präparation von Reflexionsrastern aus metallischen Aufdampfschichten nicht direkt auf dem Gummimodell erfolgen. Es wird daher der Weg 3) nach Abschnitt 3.1.3. beschritten.

Als Hilfsträger dienen Glasplatten, die die Kriterien nach Abschnitt 3.2.2. erfüllen und gegenüber Plastwerkstoffen den erforderlichen hohen Dampfdruck besitzen. Vorversuche ergaben, daß Aluminium-Aufdampfschichten durch Kleben mit elastifizierten Epoxidharzen von Glas abgelöst werden können. Aus weiteren Versuchen ging hervor, daß die Herstellung der Raster günstiger durch Abheben der Aufdampfschicht (Methode 2) nach Abschnitt 3.1.2. als durch Ätzen erfolgt. Zur Herstellung der Modellraster dient daher folgende Technologie:

Die Glasplatten (Spiegelglas, 7 mm dick, Import aus der UdSSR) erhalten einen Fotolack-Raster aus FK 1 nach der im Abschnitt 3.2.1. beschriebenen Technik. Der Verdampfungsvorgang geschieht in einer Hochvakuum-Bedampfungsapparatur HBA 1 (Hersteller: VEB CARL ZEISS Jena) bei einem Druck von $p < 5 \cdot 10^{-5}$ Torr. Zum Schmelzen des Aluminiums dient eine Wolframspirale, die aus Draht von 1 mm Durchmesser unter einer Bunsenbrenner-Flamme gewickelt wird. Sie besteht aus 3 Windungen mit 6 mm Durchmesser und beiderseitigen Anschlüssen. In die mittlere Windung wird ein Häkchen aus Reinstaluminium von $V = 5\,\text{mm}^3$ Inhalt eingehängt. Das Aluminium schmilzt und verdampft, wenn die Spirale mit einem Strom von 18 A bei einer Spannung von 3 V beheizt wird. Der Verdampfungsvorgang dauert etwa 50 s.

Die mit Aluminium bedampften Platten werden etwa 20 Std. im Lösungsmittel L 151 geweicht. Das Lösungsmittel diffundiert durch die Aufdampfschicht und quillt bzw. löst den Lack, der die darüber liegenden Teile der Aufdampfschicht abhebt. Die Teile der Aluminium-Schicht, die sich auf der Glasunterlage befinden, bleiben haften. Das Entschichten geschieht mit einem weichen Pinsel. Die erzeugten Aluminium-Raster auf Glas werden durch Abspülen mit Azeton gesäubert.

Der Erfolg des Abhebe-Vorganges hängt von der Dicke der Aufdampfschicht ab. Die Schichtdicke d ist eine Funktion des Abstandes r zwischen der Verdampfungsquelle und der Glasplatte. Wenn die mittlere freie Weglänge größer als r ist, so gilt nach dem LAMBERTschen Strahlungsgesetz

$$d \sim \frac{1}{r^2} . \tag{94}$$

Eine entsprechende Versuchsreihe ergab einen optimalen Abstand von $r = 120$ mm. Die Schichtdicke d kann aus V und r als sogenannte Wägungsdicke [49] abgeschätzt werden. Es gilt

$$d = \frac{V}{4 \pi r^2} \tag{95}$$

und mit Zahlenwerten

$$d = 28 \text{ nm} . \tag{96}$$

Gleichzeitig wurde die Lichtdurchlässigkeit der bedampften Glasplatten mit der im Abschnitt 2.3. beschriebenen Einrichtung bestimmt. Die qualitativ besten Aluminium-Raster ergaben die Proben mit einer Lichtdurchlässigkeit von

$$I/I_0 = 0{,}01 \cdots 0{,}02 . \tag{97}$$

Die Durchlässigkeit gestattet eine Abschätzung der Schichtdicke nach der Transparenz-Methode. Nach [50] gilt

$$d = \frac{\lambda}{4 \pi k} \ln \frac{I_0}{I} , \tag{98}$$

wobei λ die Wellenlänge der Strahlung und k eine Stoffkonstante sind. Für Aluminium beträgt $k = 3{,}39$. Die nach Gleichung (98) berechnete Dicke

$$d = 35 \cdots 29 \text{ nm} \tag{99}$$

stimmt mit der Wägungsdicke gut überein und beträgt ungefähr $^1/_{10}$ der Schichtdicke des Fotolackes.

Als Klebstoff zum Übertragen der Aluminium-Raster dient das elastifizierte Epoxidharz WT 100 nach [21], dessen Elastizitätsmodul mit dem des Modellwerkstoffes näherungsweise übereinstimmt. Der Klebstoff wird zwecks guten Kontrastes schwarz eingefärbt (Sudanschwarz) und auf die gesäuberte Modelloberfläche aufgetragen. Die Glasplatten werden mit der Raster-Seite aufgeklebt und ausgerichtet, daß die Rasterlinien parallel bzw. normal zum Modellrand verlaufen.

Abb. 34 zeigt das Aufkleben der Aluminium-Raster auf die Grundplatte. Das Härten des Klebstoffes dauert etwa 40 Std. bei Raumtemperatur. Danach können die Glasplatten bei geringer Verformung des Modells abgelöst werden. Die Aluminium-Raster sind auf das Modell übertragen. Vorhandene Klebstoff-Reste am Modell können durch Abschleifen leicht beseitigt werden. Zum Schleifen eignen sich Schleifpilze, die über eine biegsame Welle von einer Handbohrmaschine angetrieben werden.

4.1.3. Versuchseinrichtung

Es ist üblich, Modelle aus relativ weichen Werkstoffen, wie z. B. Porokrepp, auf einer horizontalen Unterlage aufzubauen. Dafür sprechen zwei Gründe:

1) wird das Eigengewicht in bestimmter Weise ausgeschaltet,
2) wird die Messung mittels eines Komparator-Mikroskopes erleichtert.

So stellt auch eine horizontal angeordnete Montageplatte, Anlage 5, das wesentlichste Teil der Versuchseinrichtung dar. Die Montageplatte besteht aus einer Aluminium-Gußlegierung. Ihre Oberfläche und ihre seitlichen Begrenzungsflächen sind gehobelt. Eine große Anzahl von Bohrungen dient zum Montieren der Belastungsvorrichtungen. Ein Fenster ermöglicht polarisationsoptische Messungen im Durchlicht (vgl. Abschnitt 5.1.3.). Die Platte ruht auf einem steifen Gestell aus verschweißten Stahlleichtprofilen, Anlage 6.

Eine Einrichtung, die fotografische Nahaufnahmen über das gesamte Feld der Platte ermöglicht, besteht aus einem speziell konstruierten Ausleger und einem veränderten Reprogerät (Hersteller: IHAGEE Kamerawerk AG, Dresden). Der Ausleger setzt sich aus mehreren, ineinander geschachtelten Rohren zusammen und verwirklicht eine Bewegung in einem Polarkoordinaten-System, Anlage 7. Das Reprogerät ermöglicht zusätzliche Drehungen bzw. Schiebungen um bzw. längs einer horizontalen und einer vertikalen Achse. Alle Einstellungen lassen sich festklemmen. Die Versuchseinrichtung ist von allen Seiten her in Arbeitshöhe frei zugänglich.

4.1.4. Belastungsvorrichtungen

Die Belastung der Grundplatte erfolgt durch die Kräfte der Grundlagerbolzen, der Zuganker und durch die Lagerbelastung.

Die Belastungsvorrichtung der Grundlagerbolzen zeigt Anlage 8. Sie wirkt wie folgt: Durch Anziehen der Muttern gegen die Distanzteile 6 werden die Bolzen 4 relativ zu 5 nach oben bewegt. Die Bolzen 4 sind über Zapfen 3 im Träger 2 drehbar gelagert. Der Träger 2 vermag über eine halbe Walze auf den Kraftmeßbügel eine Zugkraft zu übertragen. Ein weiterer Träger 1 verbindet den Meßbügel mit den Grundlagerbolzen. Die Teile 6 wirken über Gummipuffer 8, die die Schraubenköpfe ersetzen, auf den Lagerdeckel. Da bei Belastung die Puffer 8 und der Lagerdeckel zusammengedrückt werden, bleiben die Teile 1, 2, 3, 4 praktisch ortsfest. Nach der Montage befindet sich ein Teil dieser Belastungsvorrichtung innerhalb des Zylinderblock-Modells.

Die Belastung der Zuganker zeigt Anlage 9. Sie erfolgt für jeden Zuganker einzeln. Der Zugankerbolzen wird durch den Bolzen 1, der mit einer Schlüsselweite versehen ist, gespannt. Der Bolzen 1 ist in einer Gabel 2 drehbar gelagert, die durch einen Bolzen 3 mit dem Hebel 4 gelenkig verbunden ist. Der Hebel 4 wirkt über eine Gabel 5 auf den Kraftmeßbügel, der mit einem Winkel an der Montageplatte befestigt ist. Der Hebel 4 wird durch den Lagerbock 6 aufgenommen, der auch das Zylinderblockmodell an der Stelle des Zugankerschraubenkopfes ortsfest gegen die Montageplatte abstützt.

Die Belastung des Grundlagers erfolgt über einen U-förmigen Rahmen, Anlage 10, der einerseits über eine Plexiglasbuchse mit der Kurbelwellenscheibe verbunden ist. Auf der anderen Seite wirkt ein Kraftmeßbügel, der über einen Winkel an der Montageplatte befestigt ist.

4.1.5. Versuchsdurchführung

Der Versuch wird in zwei Abschnitten durchgeführt, dem qualitativen Überblick über den Dehnungsverlauf und der quantitativen Bestimmung der maximalen Dehnung.

Für den qualitativen Überblick dienen Modellraster mit einer Liniendichte von 13,3 L/mm und einem Format von 120×120 mm. Erfahrungen aus früheren Untersuchungen besagten, daß die größten Beanspruchungen im Bereich zwischen den Zugankern und dem Grundlager auftreten. Die Modellraster bedecken diesen Bereich, Anlage 11. Die Linien der Raster 2, 4, 6, 8 verlaufen parallel zur y-Achse und dienen zur Ermittlung der u-Isotheten. Unter Ausnutzung der Symmetrie der Grundplatte und der Belastung sind auf der gegenüberliegenden Modellhälfte entsprechende Raster 1, 3, 5, 7 angeordnet, deren Linien parallel zur x-Achse verlaufen. Sie ergeben die v-Isotheten.

Die Belastung der Modelle geschieht in der Reihenfolge: Vorspannen der Grundlagerbolzen mit $2\,F_L = 2 \cdot 43$ kp, Belasten der Zuganker mit $2\,F_A = 2 \cdot 45$ kp und Aufbringen der Grundlagerkraft $F_Z = 67{,}5$ kp. Als Bezugsraster eignen sich Kontaktkopien des Rasterkopierfilmes LL 133. Die Kopie erfolgt auf ORWO FU 5 Film, der bei 20 °C während 4 min in ORWO A 71 entwickelt wird. Der Bezugsraster haftet mittels eines dünnen Filmes von flüssigem Paraffin am Modellraster. Das Paraffinöl gewährleistet als Immersionsflüssigkeit zugleich einen guten optischen Kontrast. Der Bezugsrasterfilm kann zwecks Anpassung an die komplizierten Modellränder leicht zugeschnitten werden.

Die fotografische Einrichtung zur Aufnahme der Moirébilder besteht aus einer Kleinbildkamera Exakta Varex mit ZEISS-Triotar 4/135 mm und einer Blitzleuchte Elgatron (Hersteller: VEB ELGAWA Plauen/Vogtl.), Abb. 35. Die Leuchte ist zur Vermeidung von Reflexen 160 mm seitlich neben der Kamera angebracht. Sie wird durch ein netzgespeistes Blitzgerät betrieben, das eine konstante Blitzspannung und eine kurze Blitzfolge gewährleistet. Die Anlagen 12 und 13 enthalten die Moiréaufnahmen der Bereiche 1, 2, ... 8.

Nach den Gleichungen (9), (10), Abschnitt 1.2.1., sind die Dehnungen dem Abstand der Moiréstreifen, senkrecht zu den Rasterlinien gemessen, umgekehrt proportional, wenn die Differentialquotienten durch die Differentenquotienten genähert werden. Das Vorzeichen der Dehnung bzw. Spannung kann ähnlich wie in der Spannungsoptik durch eine Randdruckprobe bestimmt werden: Bei weichen Werkstoffen wird günstigerweise eine zusätzliche, zum Rand tangentiale bzw. schräge Kraft aufgebracht. Die Superposition der Dehnungen bedingt, daß beim Fortschreiten gegen die Pfeilrichtung der Tangentialkomponente in der Umgebung der Kraftangriffsstelle ein Verdichten der Moiréstreifen auftritt, falls eine Zugdehnung vorliegt. Bei Druck nimmt der Streifenabstand zu.

Am rechten Rand von Bereich 1 ist ein Übergang von Druck nach Zug zu erkennen, der sich durch eine Vergrößerung und anschließende Verkleinerung des Streifenabstandes äußert. Die seitliche Begrenzungsrippe, Bereich 3, wird nur gering beansprucht. Die größte Dichte der Moiréstreifen und damit die maximale Dehnung tritt im Bereich 7 am Radius des rechten Randes auf.

Zur quantitativen Auswertung der maximalen Dehnung dienen Modellraster mit 25 L/mm, die eine geringere Modelldehnung bei gleicher Meßempfindlichkeit erlauben, aber eine kleinere Fläche von 50×50 mm besitzen. Es werden der schräge Rand und der Radius von Bereich 7 untersucht. Die Modellraster werden nach Abschleifen der vorhandenen mit einem Schleifpilz normal bzw. parallel zur y_1-Achse aufgeklebt. Der Versuch wird mit der oben genannten

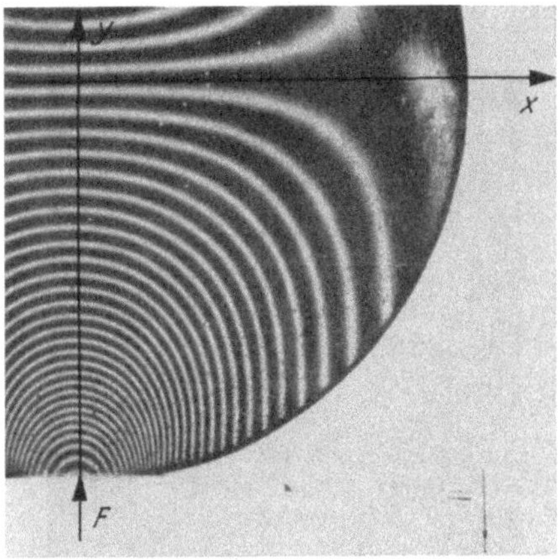

Abb. 4. v-Isotheten. Kreisscheibe aus WT 80 nach [21], 13,3 L/mm, $F = 9{,}7$ kp, $t = 10$ min, Zeiss-Tessar 4,5/250 mm, Kamera: Mentor-Panorama 2, Film: ORWO FU 5, Scheibe: Durchmesser 100 mm, Dicke 10 mm

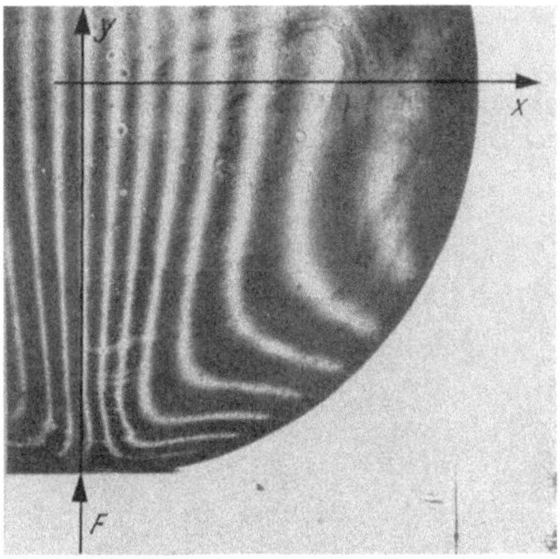

Abb. 5. u-Isotheten. Daten wie Abb. 4

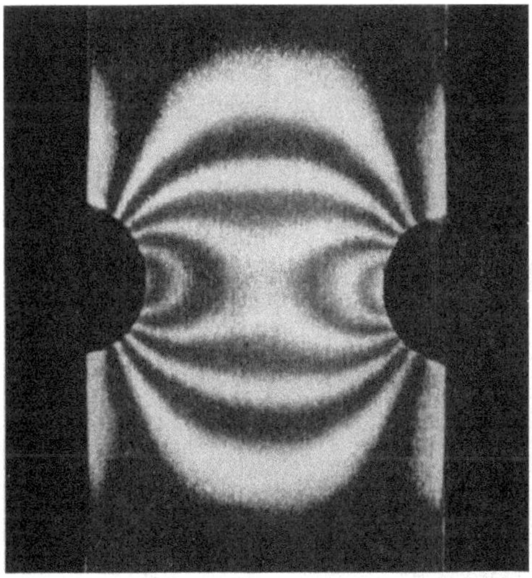

Abb. 8. Isopachen an einem Zugstab aus W 60 nach [4], Breite 30 mm, Kerbradius 5 mm, 10 L/mm, $F = 6$ kp, $t = 10$ min, $\alpha = 50°$, Kamera: Exakta Varex mit Zeiss-Triotar 4/135 mm, ORWO-Dokumentenfilm

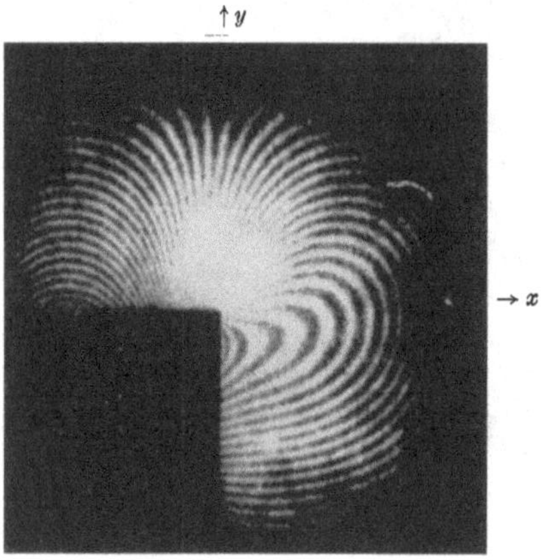

Abb. 10. Linien gleicher Plattenneigung $\partial w/\partial x$ nach [6]

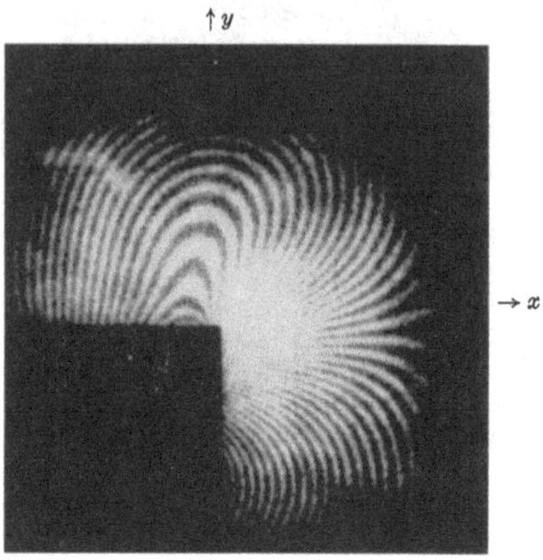

Abb. 11. Linien gleicher Plattenneigung $\partial w/\partial y$ nach [6]

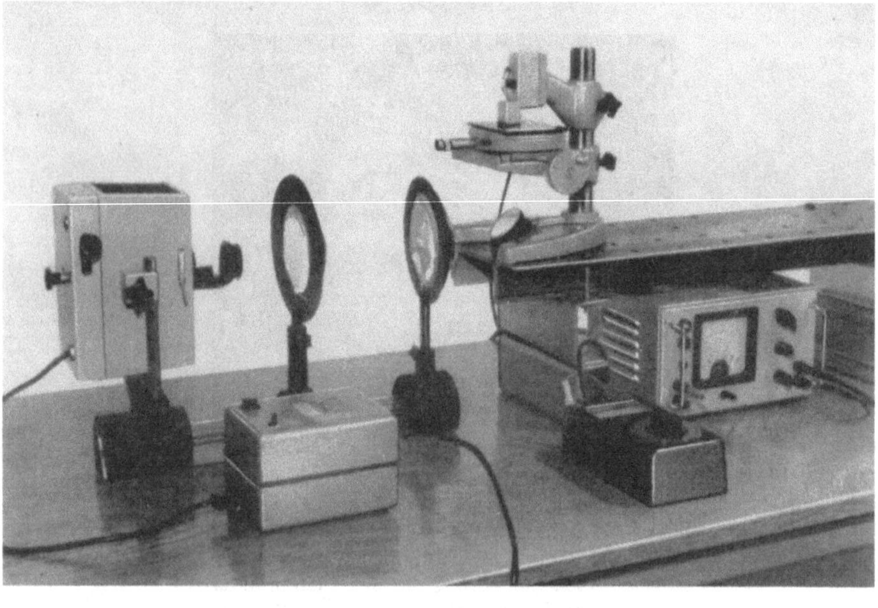

Abb. 22. Versuchsaufbau zur Messung der Lichtintensität

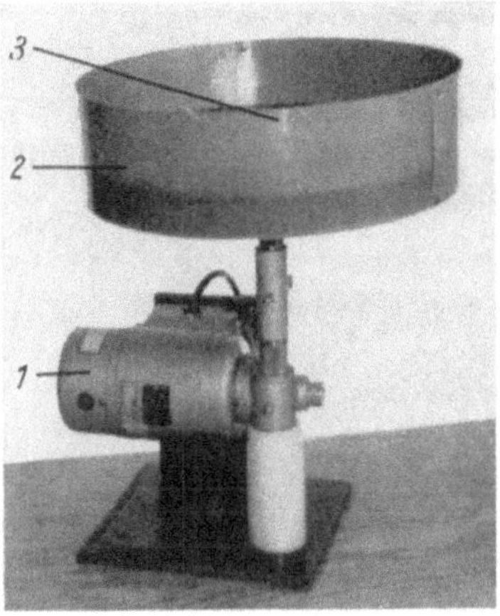

Abb. 25. Schleuder zum Beschichten mit Fotokopierlacken

1 Labor-Rührwerk 16 W, Hersteller: VEB Prüfgerätewerk Medingen/Dresden, 2 – Schutzeinrichtung, 3 – rotierende Scheibe

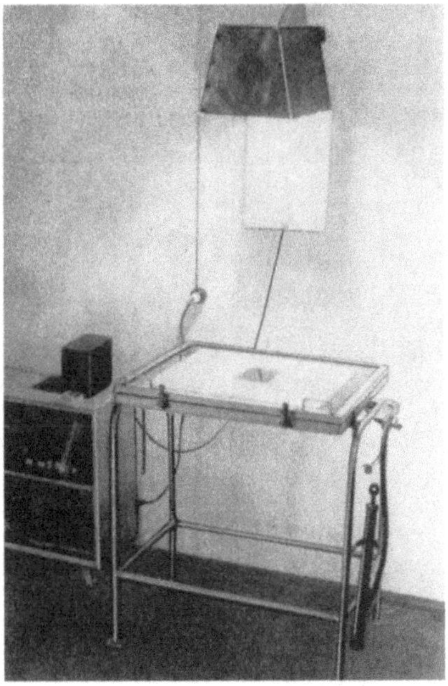

Abb. 26. Vakuumkopiertisch MENKAR, Hersteller: VEB Reprotechnik Leipzig, Lampenkasten mit Quecksilberhochdrucklampe HQA 400

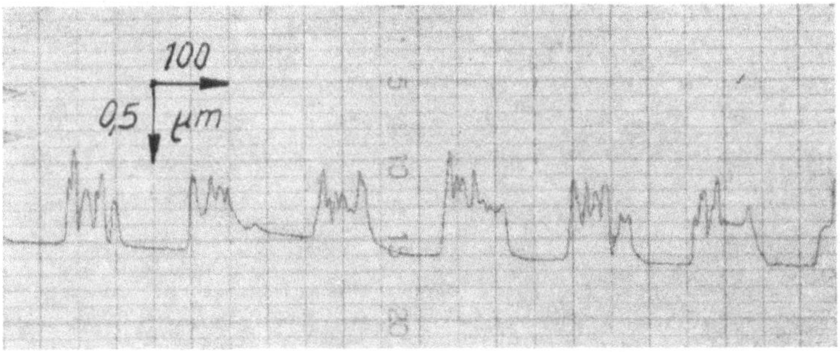

Abb. 27. Profil einer Rasterkopie mittels Fotokopierlack FK 1, bei der der Entwickler mit Wasser abgespült wurde; Messung mit TALYSURF-Gerät

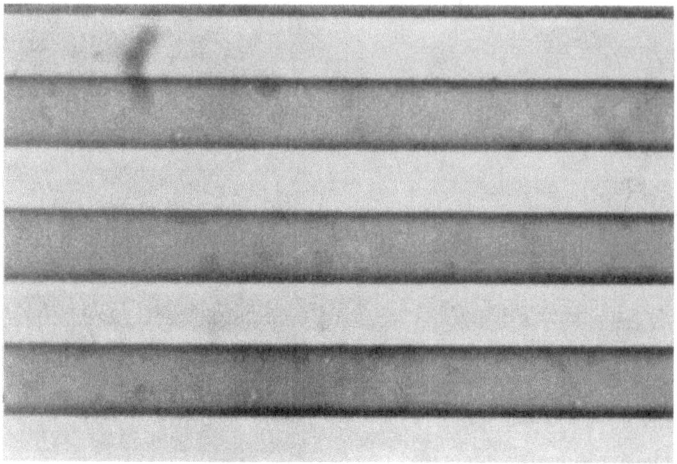

Abb. 28. Mikrofoto einer Lackraster-Kopie mit 25 L/mm, ungefärbter ORWO-Fotokopierlack FK 1 auf Glas, Lacklinien erscheinen hell; Mikroskop: ZEISS-Epityp 2, Objektiv PK 20×/w, Projektiv 6,3×, MF-Grundkörper; Kamera: Exakta Varex, Mikro-Zwischenstück

Abb. 29. Mikrofoto einer Lackraster-Kopie mit 250 L/mm. Daten wie Abb. 28

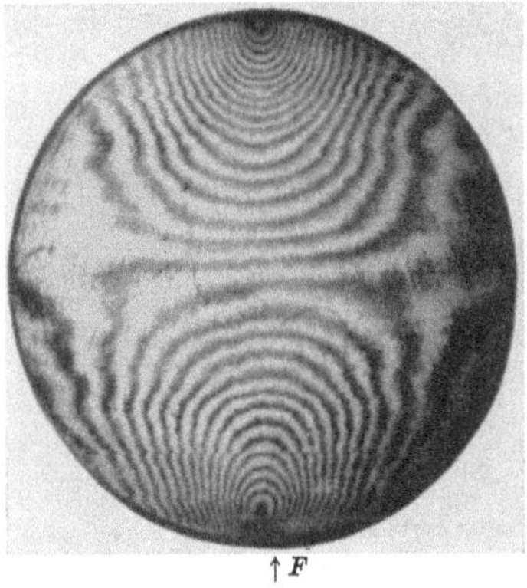

Abb. 31. v-Isotheten einer diametral gedrückten Kreisscheibe. Scheibe: Epilox EG 1, Durchmesser 50 mm, Dicke 10 mm; Linienraster: ORWO-Fotokopierlack FK 1 aufgeklebt mit Epilox EGK 19, 250 L/mm; Bezugsraster: ZEISS-Chromraster auf Glasplatte 80 × 80 × 6 mm; Natrium-Spektrallampe; Kamera: Praktika FX 2 mit MEYER-Orestegor 4/200 mm, Zwischenringe 49 mm; Film: ORWO-TF 6; Kraft: $F = 200$ kp

Abb. 32. u-Isotheten einer diametral gedrückten Kreisscheibe
Daten wie Abb. 31

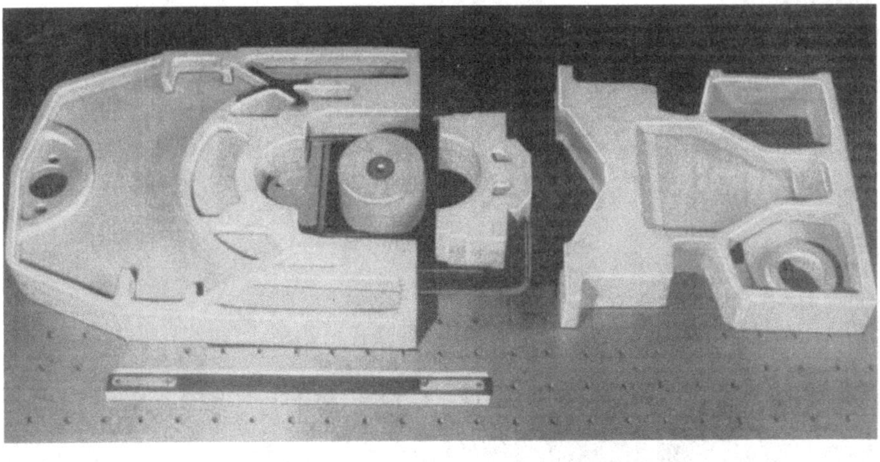

Abb. 33. Modelle aus Porokrepp von einer Motorengrundplatte, einem Lagerdeckel, einem Abschnitt der Kurbelwelle, einem Zylinderblock; Längenmaßstab $l_V = 0{,}7$; Dickenmaßstab $d_V = 1$; Länge des Lineals 500 mm

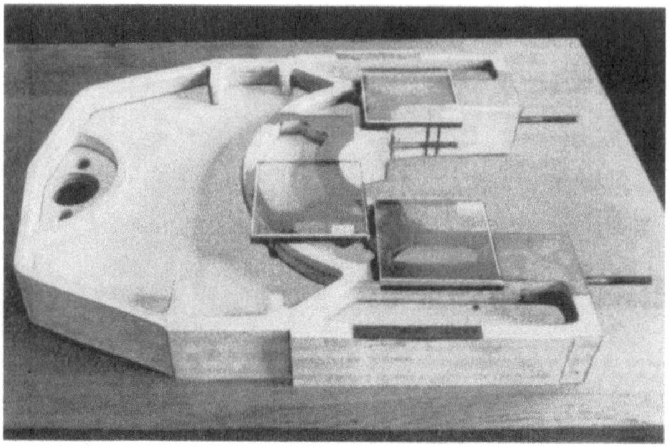

Abb. 34. Gummimodell der Motoren-Grundplatte während des Aufklebens der Aluminium-Raster

13,3 L/mm, Format: 120 × 120 mm, Spiegelglasplatten 7 mm dick, Klebstoff: WT 100 [21] angefärbt

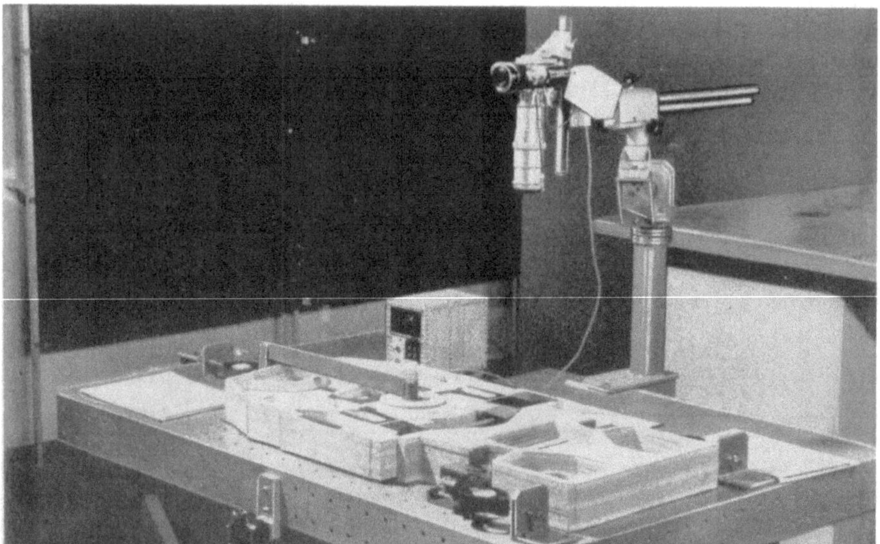

Abb. 35. Versuchsaufbau zur fotografischen Aufnahme der Moirébilder des Grundplatten-Modells

Abb. 36. v-Isotheten der 1. Laststufe. Bereich der maximalen Dehnung; Modellraster: Aluminium-Linienraster 25 L/mm, aufgeklebt mit WT 100 [21]; Bezugsraster: ORWO FU 5 Film; Kamera: Exakta Varex mit ZEISS-Triotar 4/135 mm; ORWO TF 6 Film

Abb. 39. u-Isotheten der 2. Laststufe
Daten wie Abb. 36

Abb. 37. u-Isotheten der 1. Laststufe
Daten wie Abb. 36

Abb. 38. v-Isotheten der 2. Laststufe
Daten wie Abb. 36

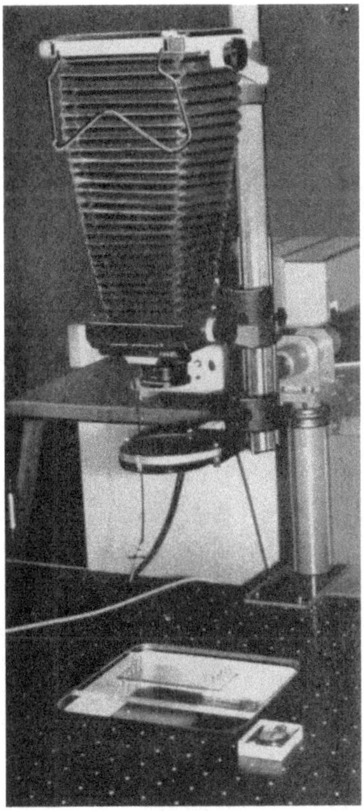

Abb. 41. Versuchseinrichtung für die spannungsoptische Messung am viskoelastischen Scheibenstreifen

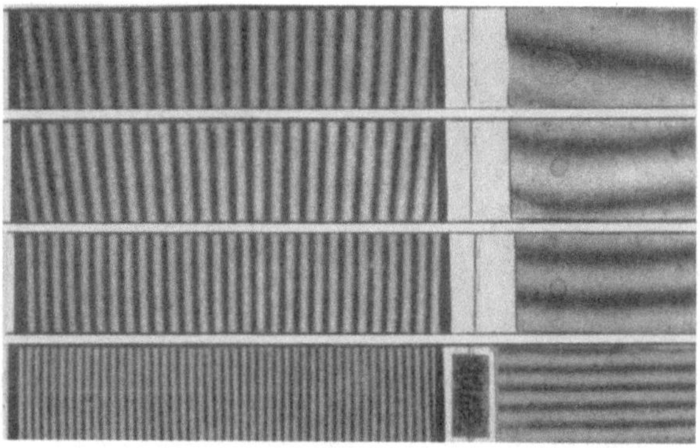

Abb. 42. Reproduktion von u- und v-Isothetenaufnahmen eines Zug-Kriechversuches. Zeiten (von oben nach unten): $t = 5$ min, 40 min, 320 min, 2700 min
Zugkraft $F = 0{,}4$ kp; Werkstoff: WT 100 [21]; Modellraster: Aluminium-Raster 25 L/mm; Kamera: Mentor-Panorama 2 mit Zeiss-Tessar 4,5/250 mm; Fotoplatte Orwo NP 20

Abb. 43. Versuchsbehälter in der Betongrube, Meßstellen mit Polyäthylen-Folie abgedeckt

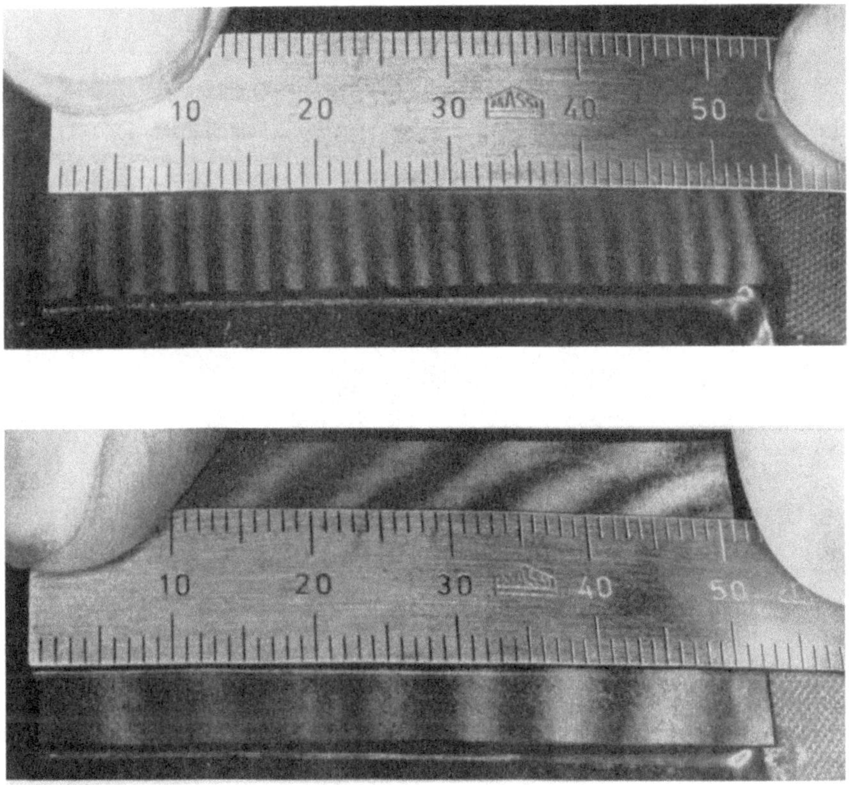

Abb. 45. Moirégeber für die Ringdehnung
Behälter aus Mb 13, Meßstelle 13 nach dem Bruch bei $p = 137{,}5\ \mathrm{kp/cm^2}$

Abb. 46. Vergleich der Berstzustände von Behältern aus herkömmlichem Kesselblech bzw. aus hochfestem Stahl

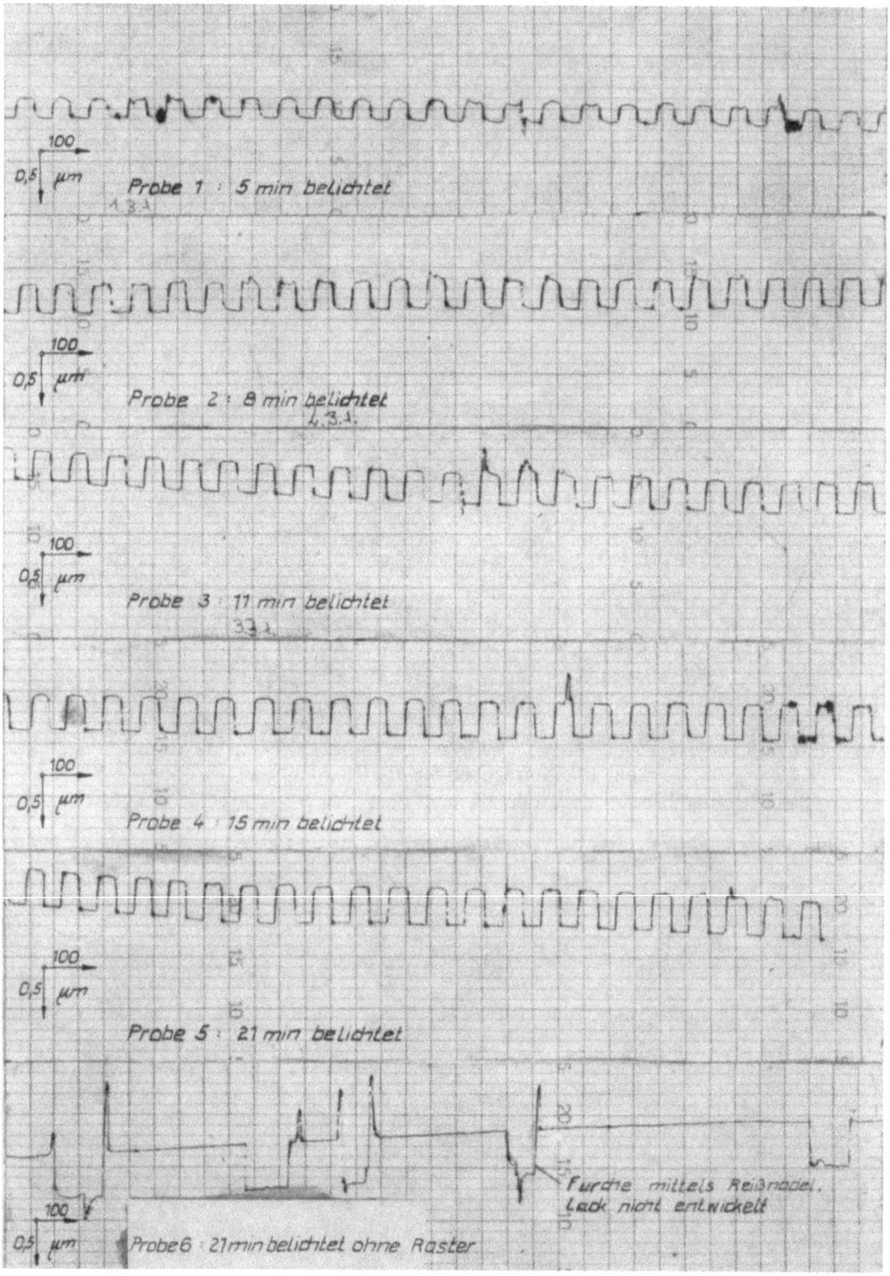

Anlage 2. Profile von Rasterkopien mittels Fotokopierlack FK 1, Messung mit TALYSURF-Gerät, Vorlage: Rasterkopierfilm 13,3 L/mm

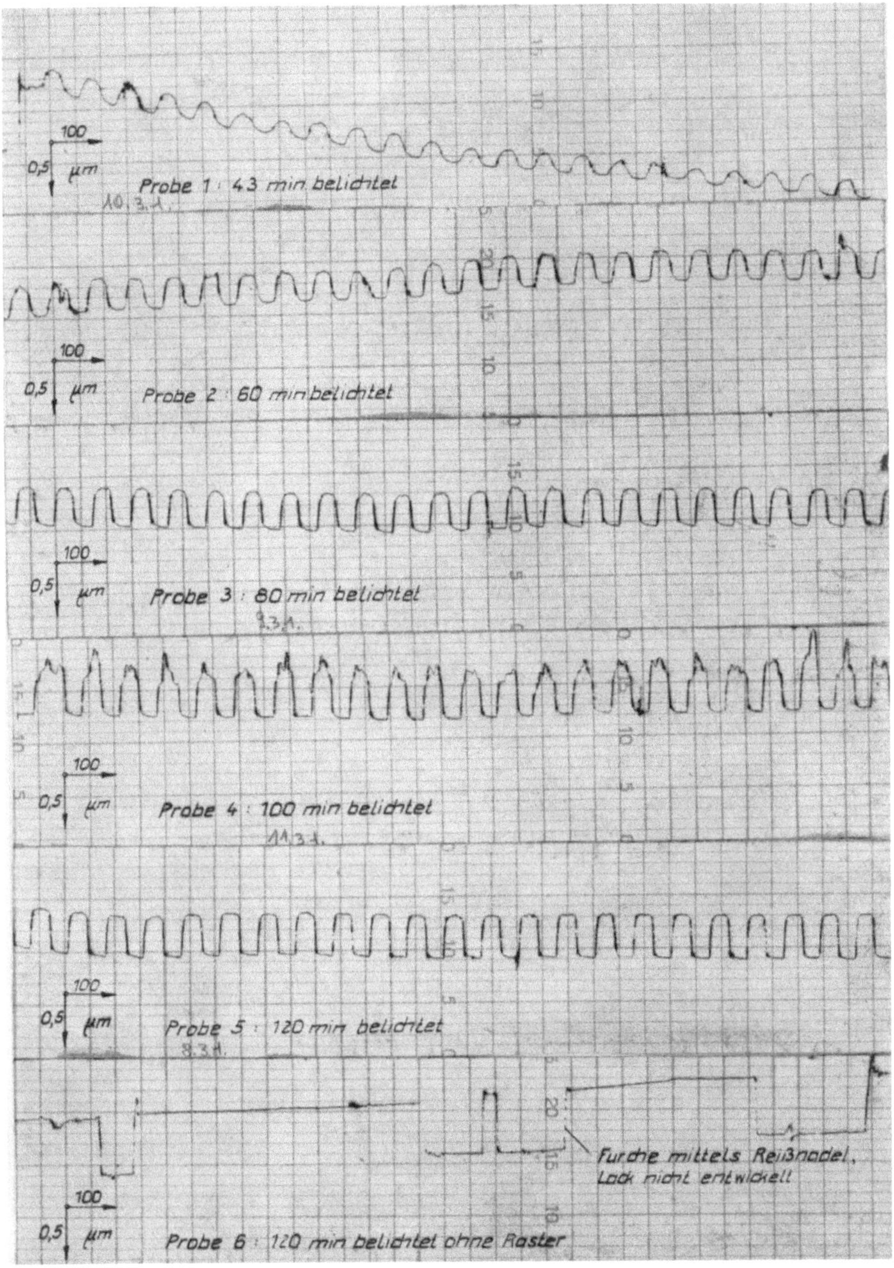

Anlage 3. Profile von Rasterkopien mittels Fotokopierlack FK 11, Messung mit TALYSURF-Gerät, Vorlage: Rasterkopierfilm 13,3 L/mm

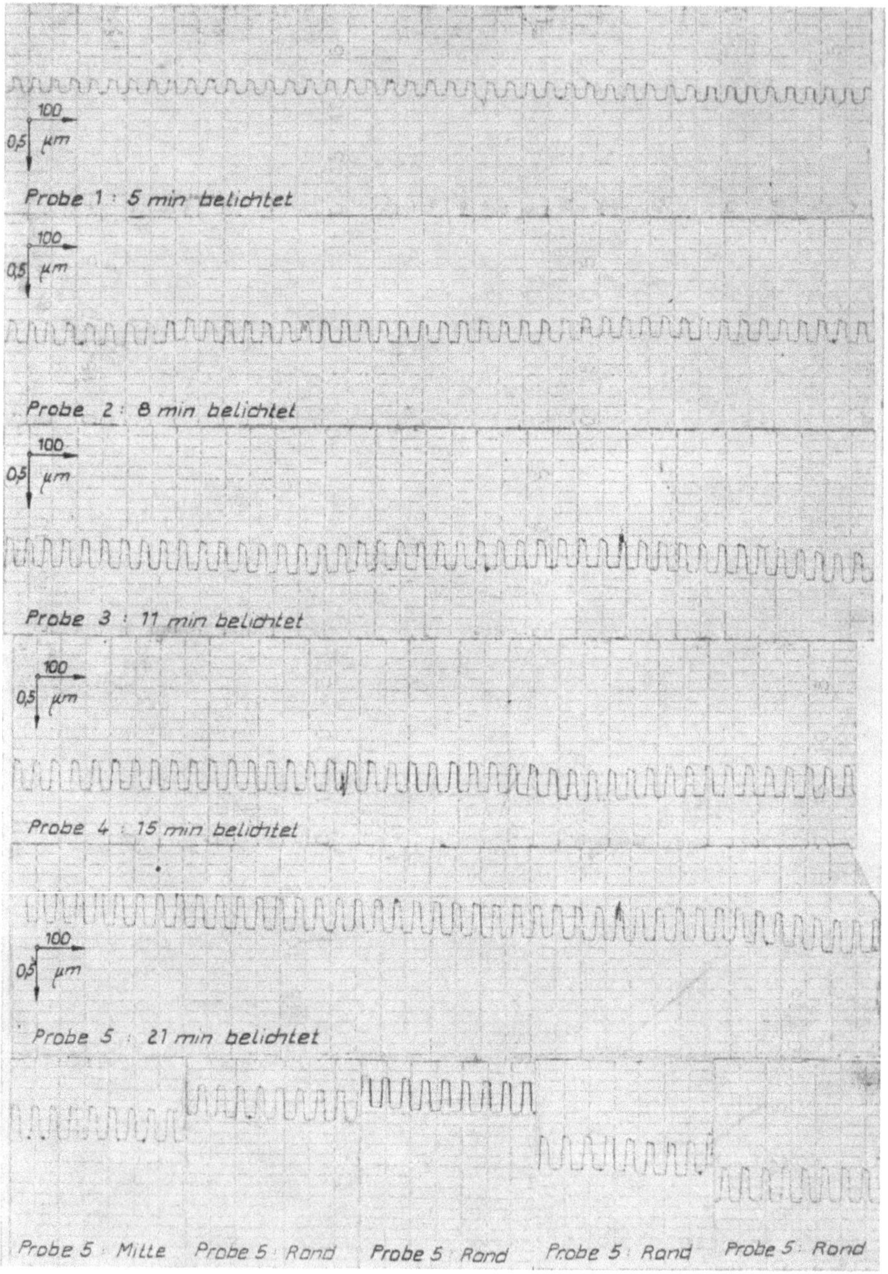

Anlage 4. Profile von Rasterkopien mittels Fotokopierlack FK 1, Messung mit TALYSURF-Gerät, Vorlage: Chrom-Raster auf Glas 25 L/mm

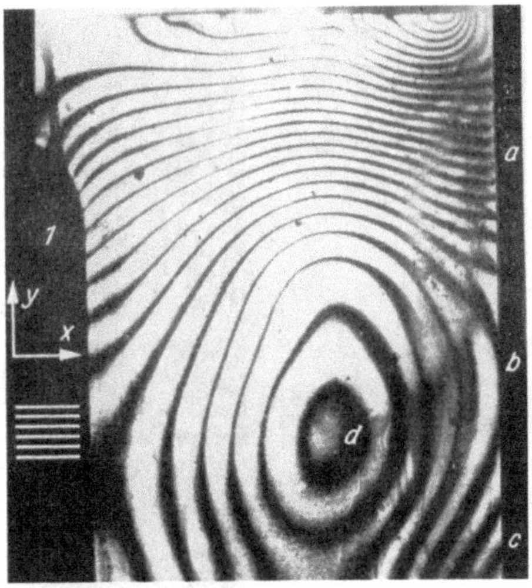

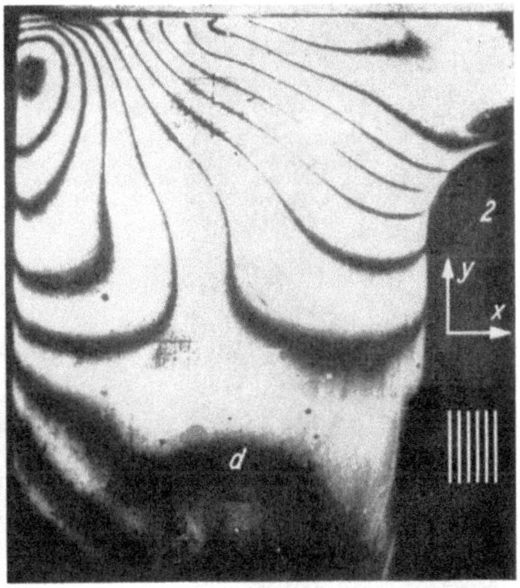

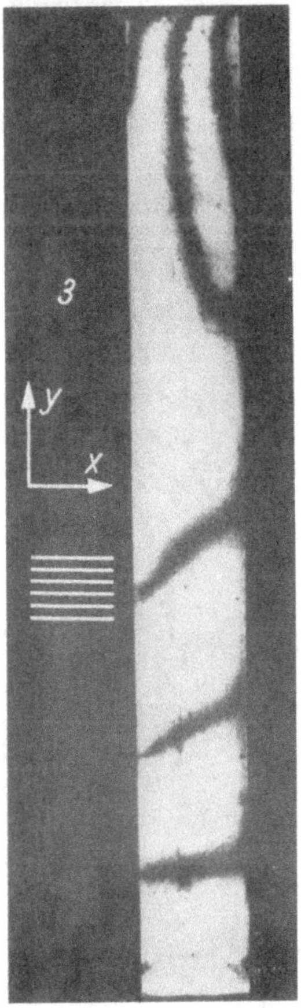

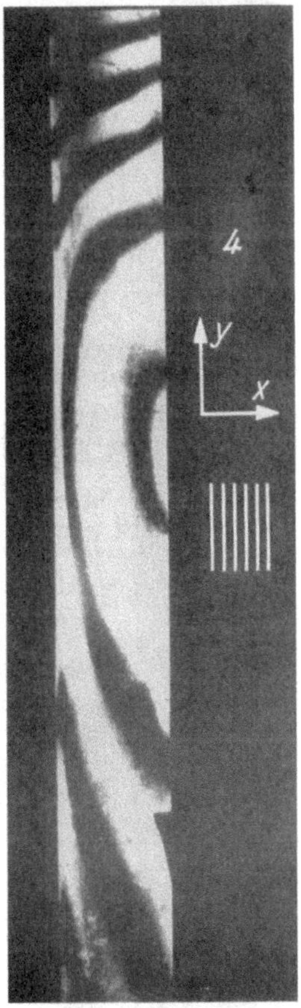

Anlage 12. u- und v-Isotheten-
aufnahmen des Gummimodells

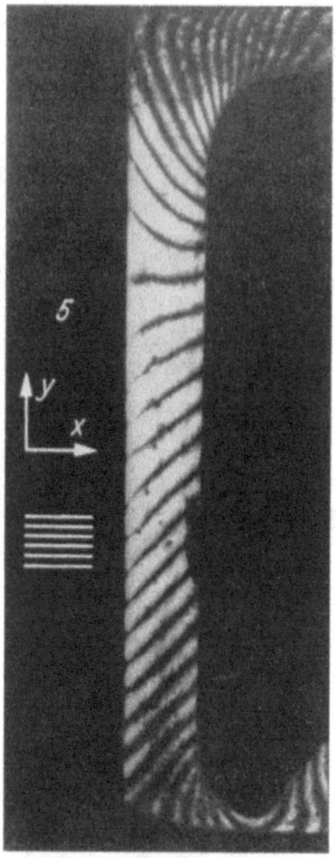
5
y
x

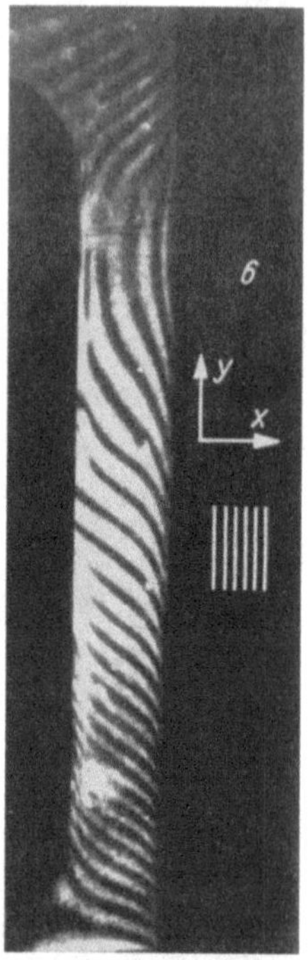
6
y
x

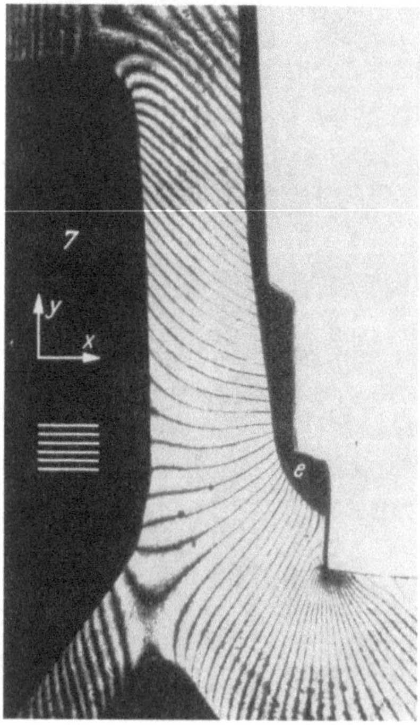
7
y
x
e

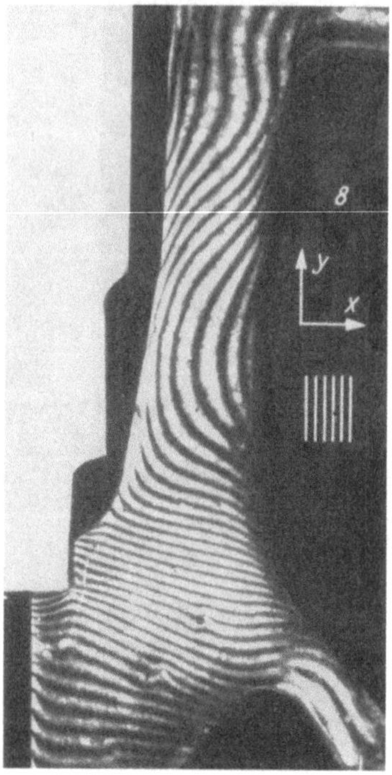
8
y
x

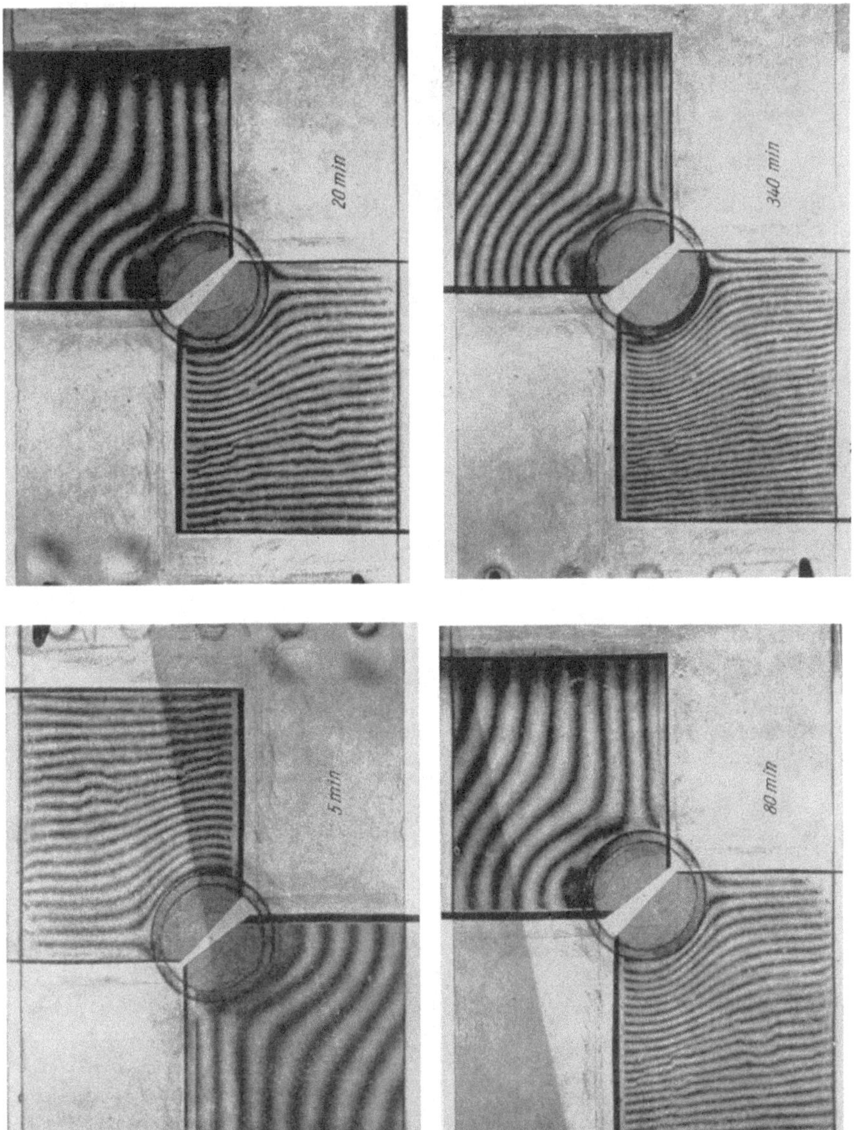

Anlage 21. Isothetenaufnahmen des Scheibenstreifenmodells

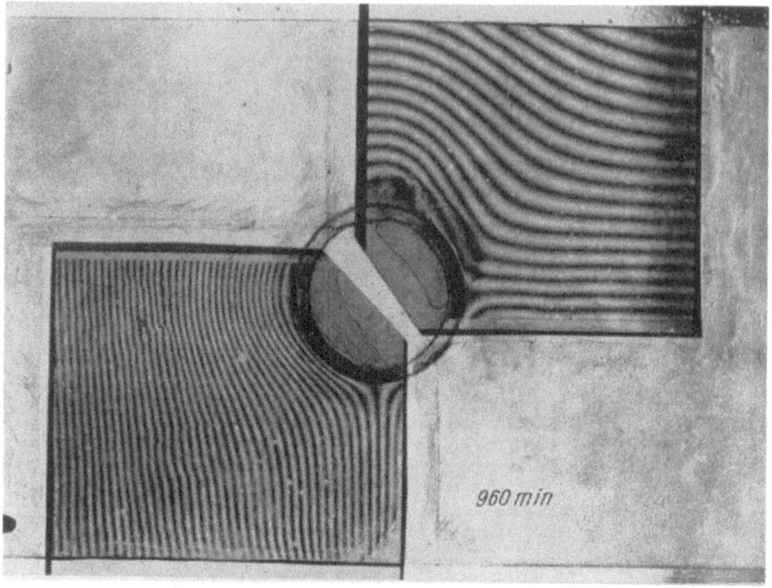

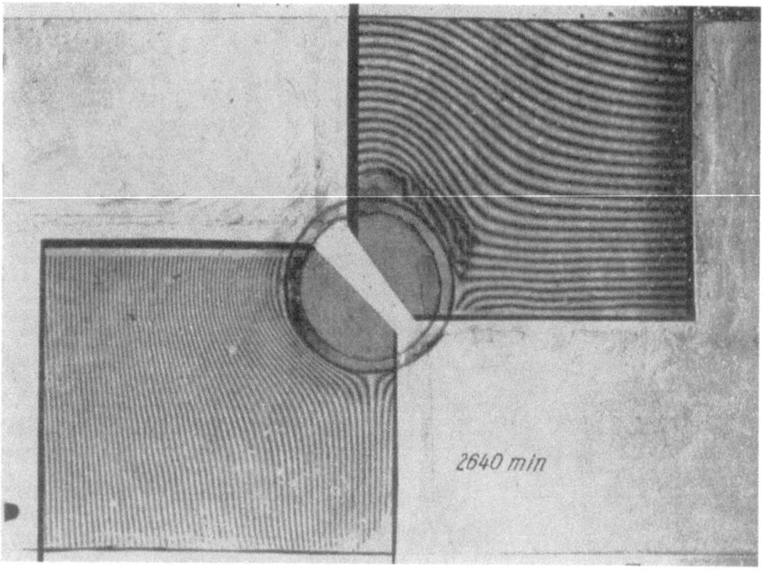

Anlage 22. Isothetenaufnahmen des Scheibenstreifenmodells

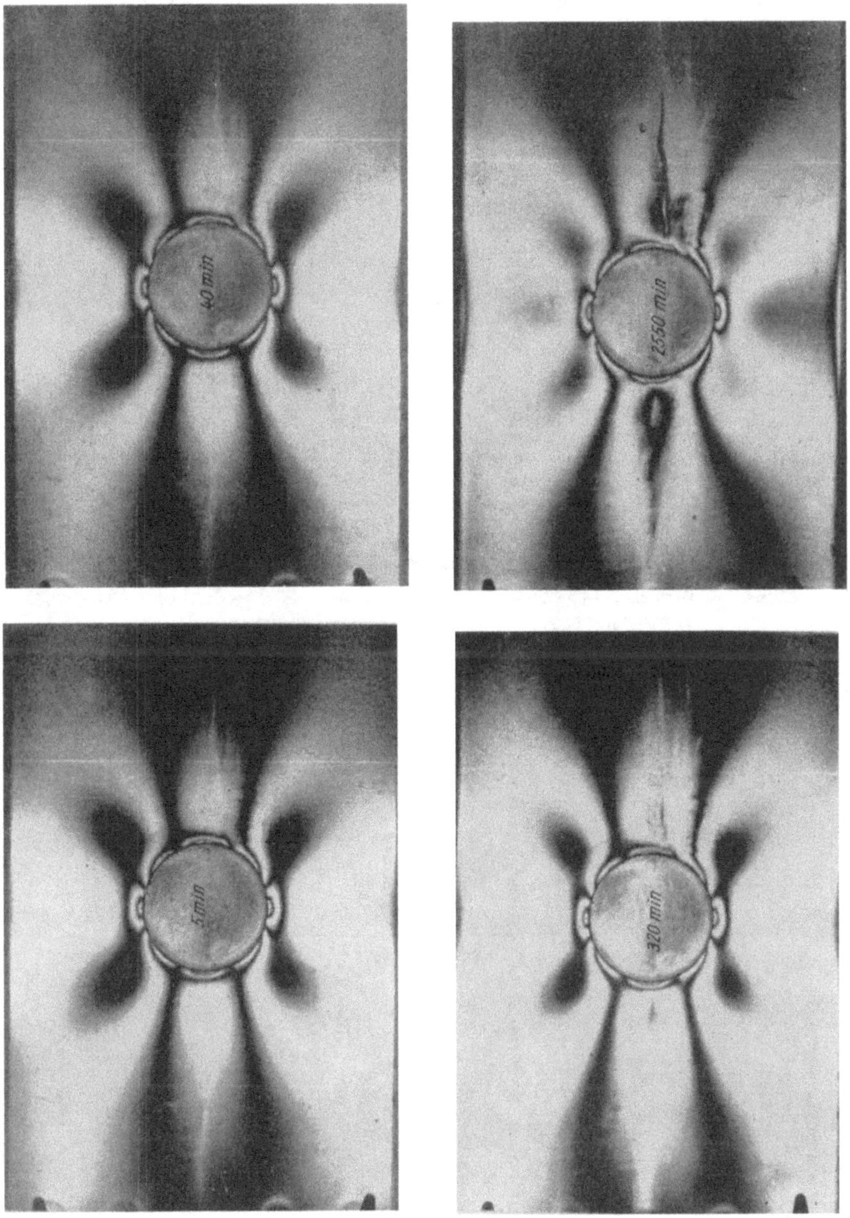

Anlage 23. Isochromatenaufnahmen des Scheibenstreifenmodells im Dunkelfeld

L/mm	Objekt-Werkstoff	Fotoschicht (Hersteller)	Literatur (Jahr)	Bemerkung
4	Aluminium-Legierung 24 S–T Alclad	Ammoniumbichromat	G. A. Brewer, R. B. Glassco [29] (1941)	nicht für Moiréeffekt benutzt
4	Aluminium-Legierung 75 S–T 6	Dyrite-Kontaktemulsion	J. A. Miller [30] (1952)	nicht für Moiréeffekt benutzt
6, 5	Stahl	Gelatine	R. Dechaene, J. van Hauwaert, M. Vyvey [43] (1958)	von Film abgezogen, plastische Dehnung, 20%
5	Stahl	Dyrite-Kontaktemulsion	A. Vinckier, R. Dechaene [27] (1960)	plastische Dehnung, 25%
12	Urethan-Gummi Hysol 8705	Emulsion auf Albumin-Basis	C. A. Sciammarella, A. J. Durelli [31] (1961)	
40	Urethan-Gummi Hysol 8705	Polyvinyl-Alkohol Gaco	W. F. Riley, A. J. Durelli [32] (1962)	dynamische Messung 6900 Bilder/s
20	Aluminium–Magnesium-Legierung AG 5; Stahl	Resifax (Kodak)	P. Dantu [41] (1964)	Messung bei 600 °C
20	Legierungsstahl U. S. S. T 1	Fotokopierlack	P. S. Theocaris [33] (1964)	Messung bei 450 °C
40	Plexiglas	Pitman Blue Line-Prozeß	C. A. Sciammarella, Fu-Pen Chiang [34] (1964)	
20	CIBA Araldite 6005 Epoxy Polymer	Film auf Polysteren-Basis	P. S. Theocaris, Han-hsiung, H. Kuo [35] (1965)	Kleben mit CIBA-Araldit, Abstreifen der Polysteren-Basis
20	Epoxid-Polymer C-100-60-8, N. B. S. Polyisobutylen		P. S. Theocaris [36] (1965)	viskoelastischer Vorgang, 4···16 min
40	plastifiziertes Polyvinylchlorid		M. Daniel [37] (1965)	viskoelastischer Vorgang 0,1···1000 min
40	Polyurethan-Gummi	Polyvinylalkohol Gaco	J. W. Dally, W. F. Riley [38] (1965)	
40	rostfreier Stahl 304	Dynachem Corporation Resist (Lithoplate Inc., Covina, Calif.); Kodak Photo Resist (Eastman Kodak Co., Rochester)	C. A. Sciammarella, D. Sturgeon [39] (1966)	elektrolytisch geätzt, max. $p/2$ tief, Messung bei 1600 °F
100	Reinst-Aluminium	Acid Resist	A. R. Luxmoore, G. I. Turner [40] (1968)	Messung von Korngrenzenversetzungen

Anlage 1. Fotoschichten zum Kopieren von Rastern

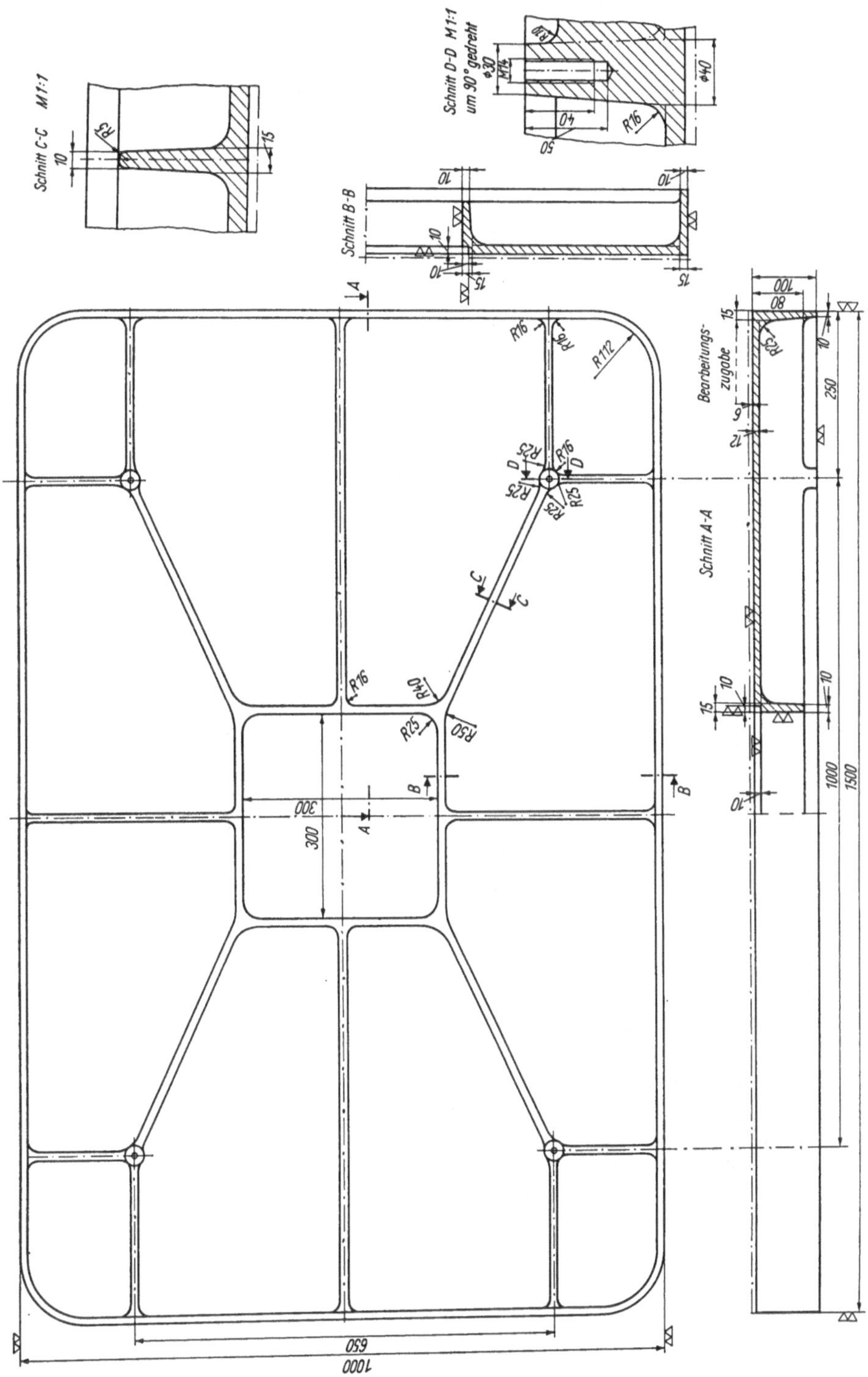

Anlage 5. Montageplatte

Anlage 6

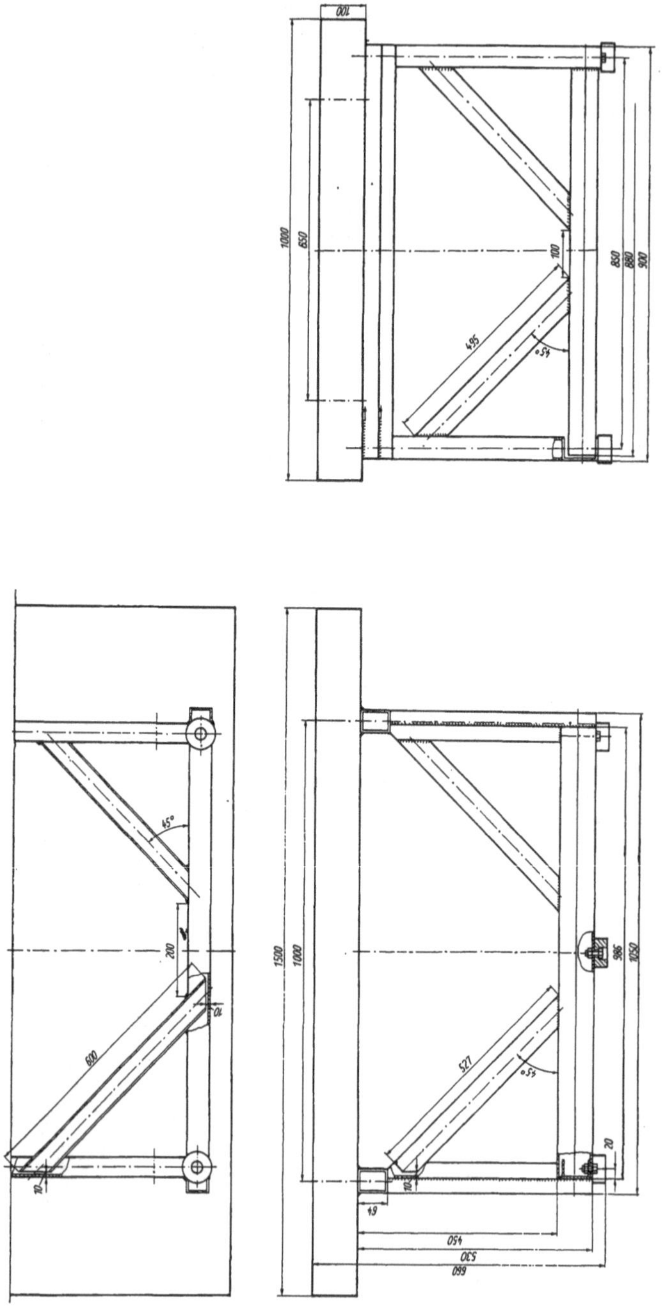

Anlage 6. Gestell

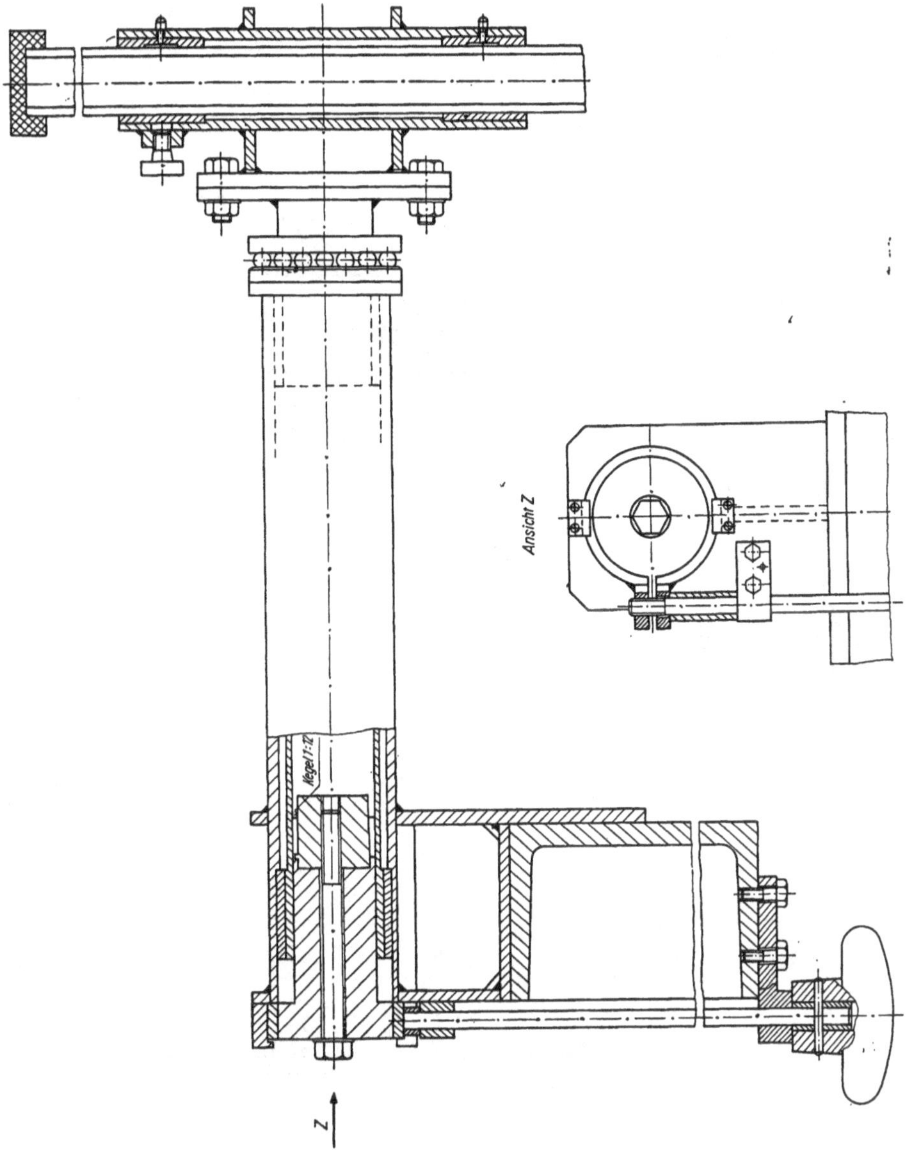

Anlage 7. Dreh- und Schwenkeinrichtung

Anlage 8

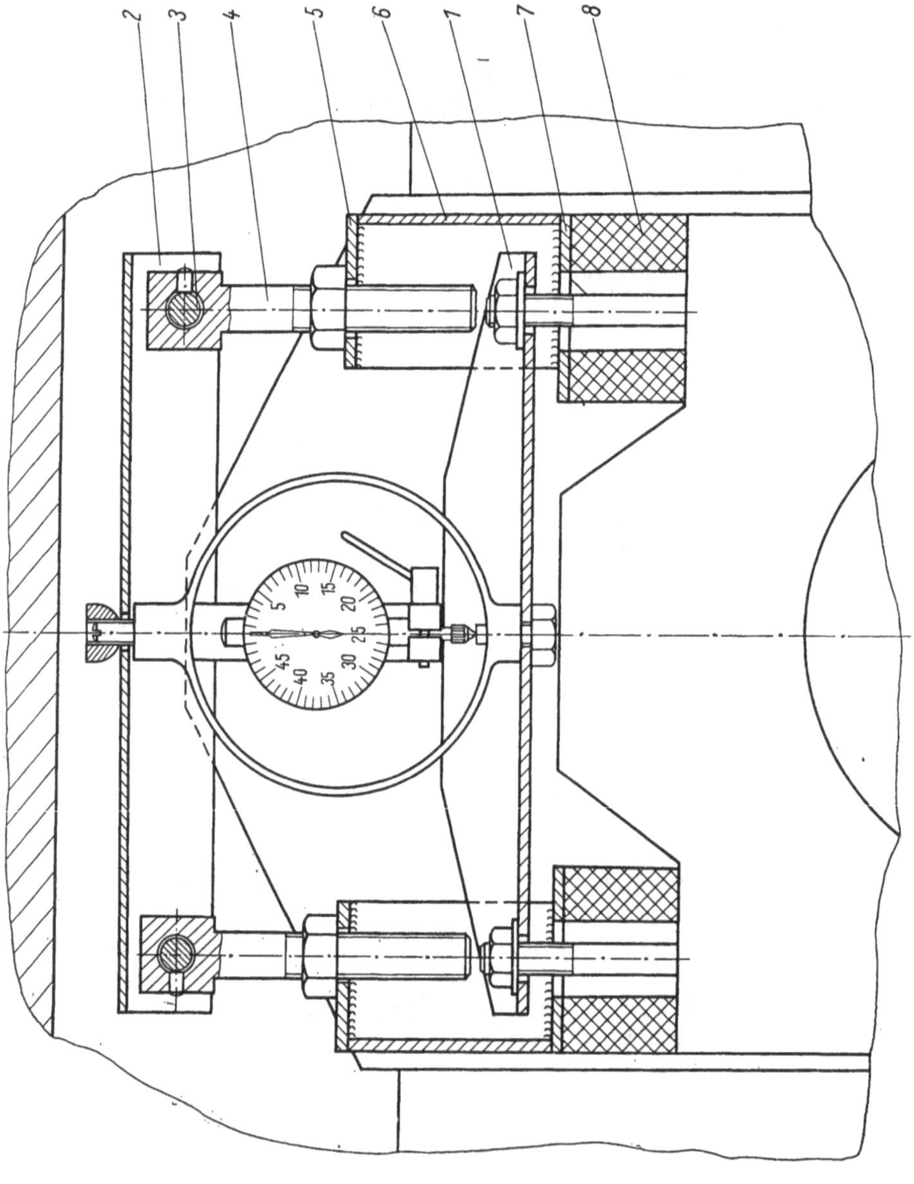

Anlage 8: Belastungsvorrichtung der Grundlagerbolzen

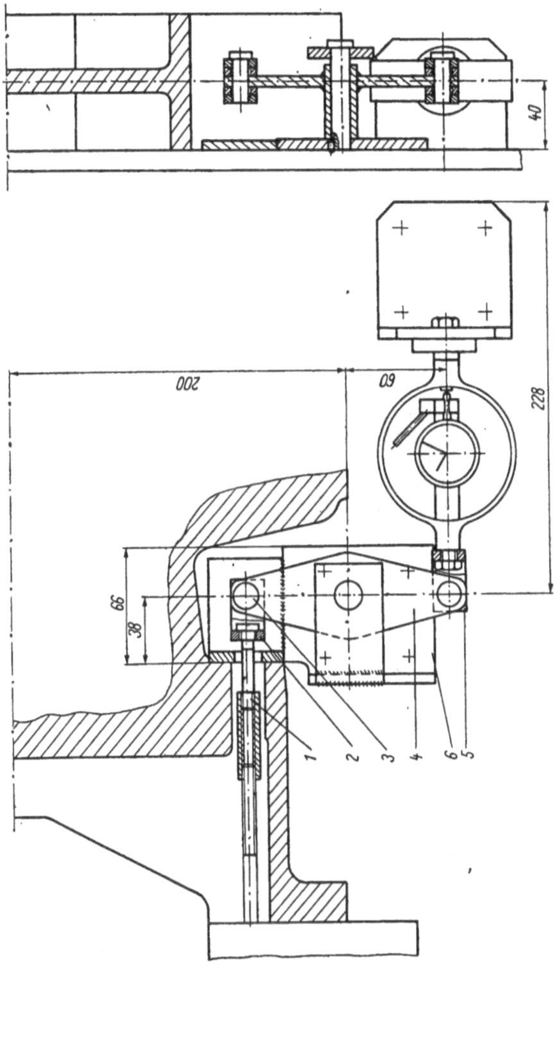

Anlage 9. Belastungsvorrichtung für die Zugankerkraft

Anlage 10

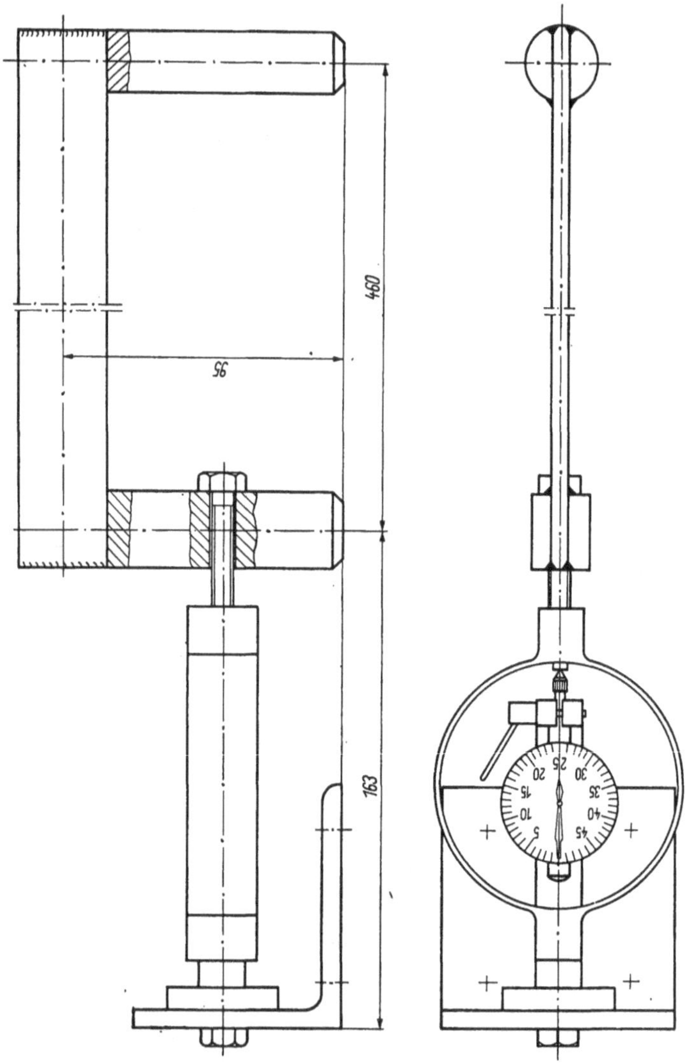

Anlage 10. Vorrichtung zur Grundlagerbelastung

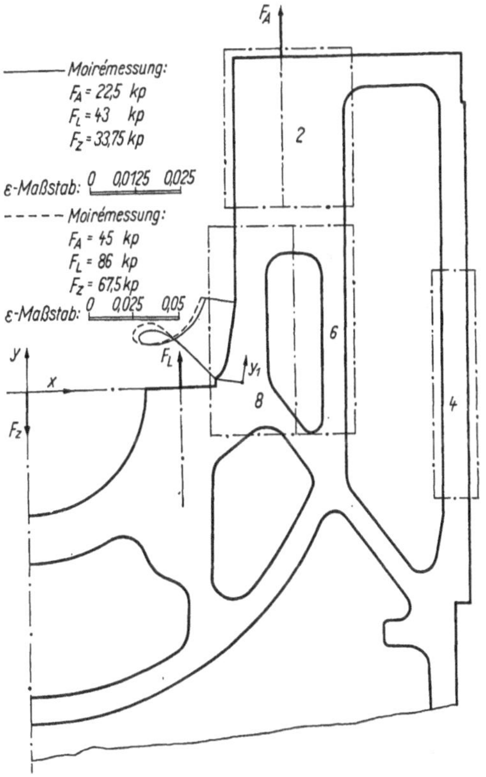

Anlage 11. Anordnung der Modellraster; Dehnungsverlauf

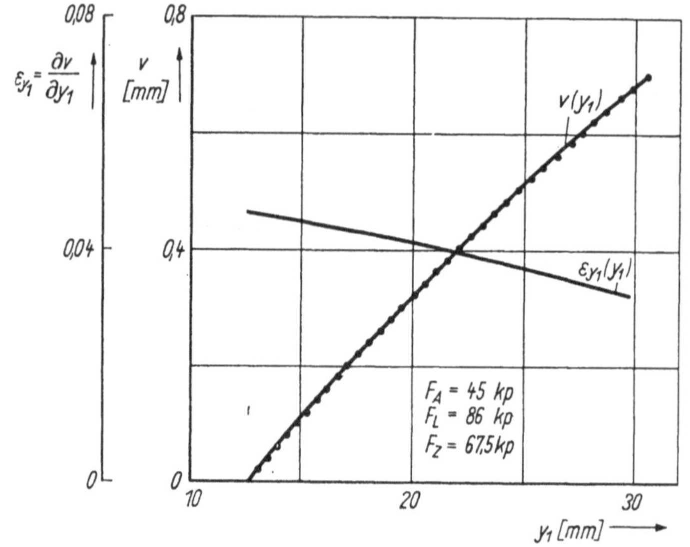

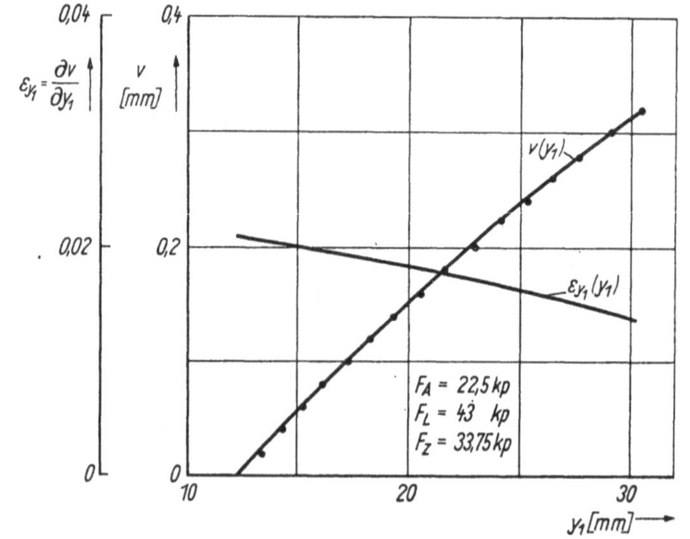

Anlage 14. Ermittlung der maximalen Dehnung am Grundplattenmodell (gerader Rand)

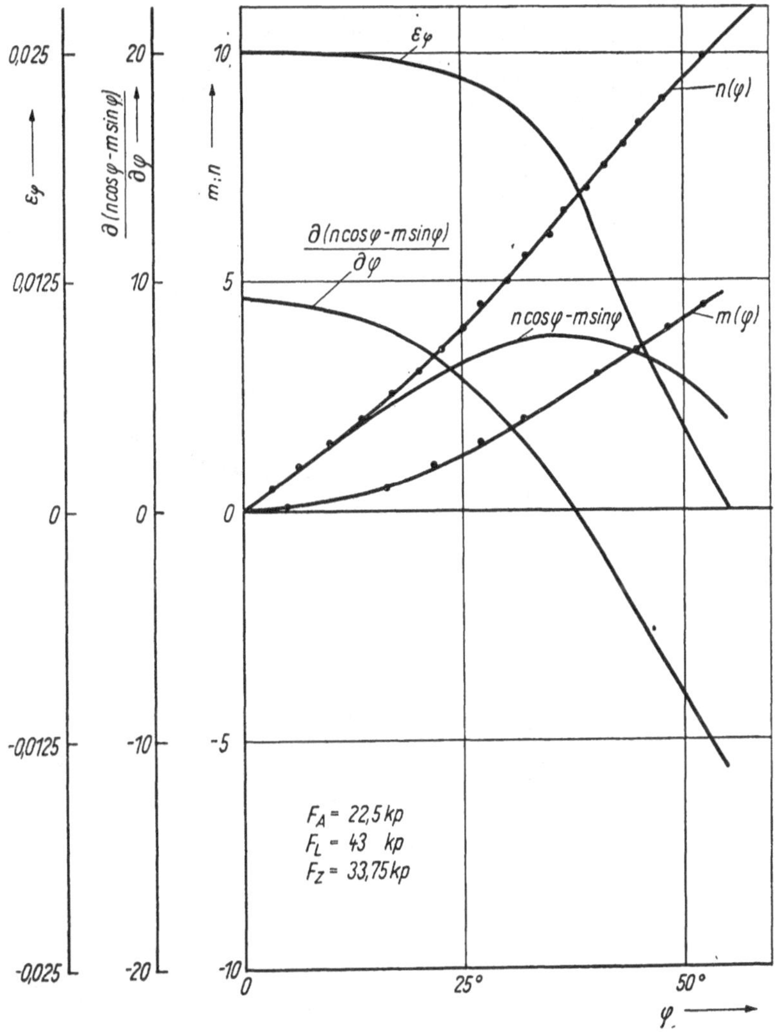

Anlage 15. Ermittlung der maximalen Dehnung am Grundplattenmodell (Radius), 1. Laststufe

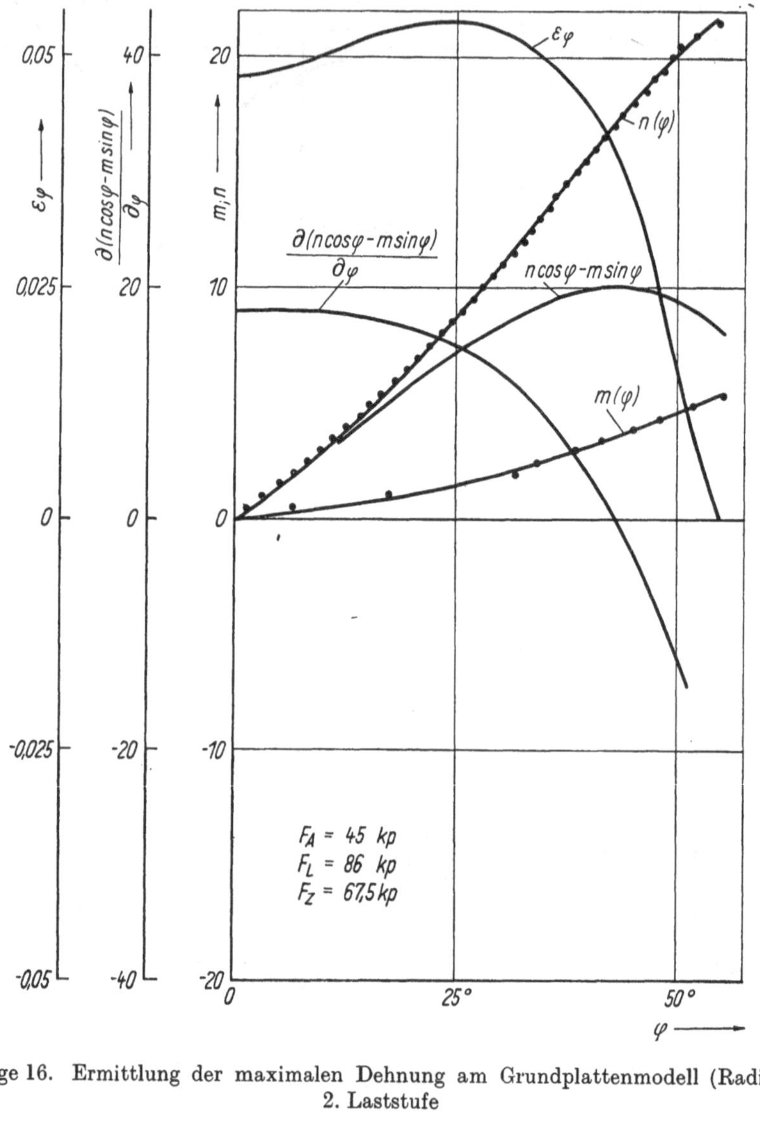

Anlage 16. Ermittlung der maximalen Dehnung am Grundplattenmodell (Radius), 2. Laststufe

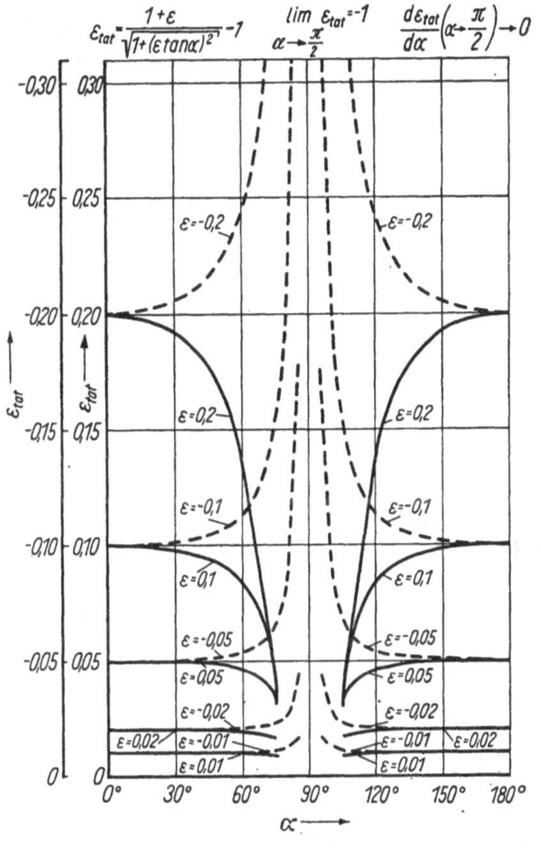

Anlage 17. Diagramm zur Bestimmung der tatsächlichen Dehnung. ε_{tat} tatsächliche Dehnung, ε gemessene Dehnung, α Neigungswinkel der Moiréestreifen

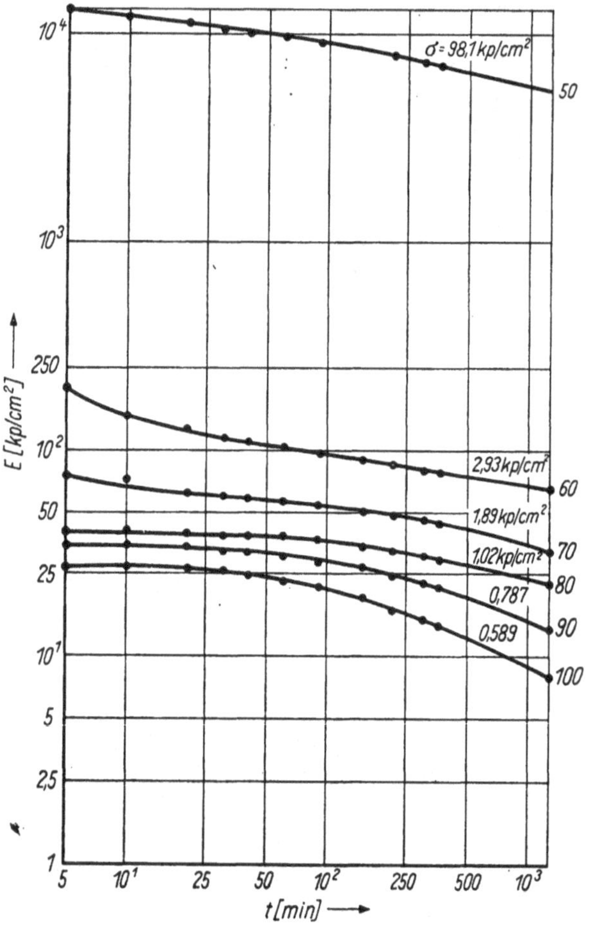

Anlage 18. Elastizitätsmodul E von elastifiziertem Epoxidharz, ermittelt an Zugstäben unter konstanter Last; $T = 25\,°C$, 100 Gewichtsteile Epilox EGK 19 mit 11 Gewichtsteilen Härter 3, Gehalt an Thioplast G 3 in Gewichtsteilen als Parameter.

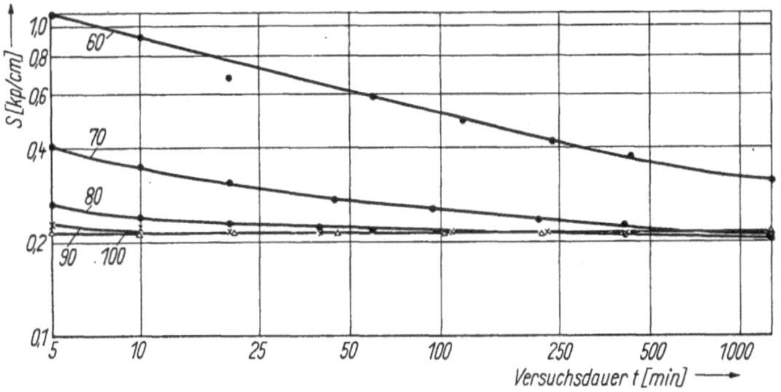

Anlage 19. Spannungsoptischer Koeffizient S von elastifiziertem Epoxidharz, ermittelt an Zugstäben unter konstanter Last

$\lambda = 589{,}3$ nm, $T = 22\,°\mathrm{C}$, 100 Gewichtsteile Epilox EGK 19 mit 11 Teilen Härter 3, Gehalt an Thioplast G 3 in Gewichtsteilen als Parameter

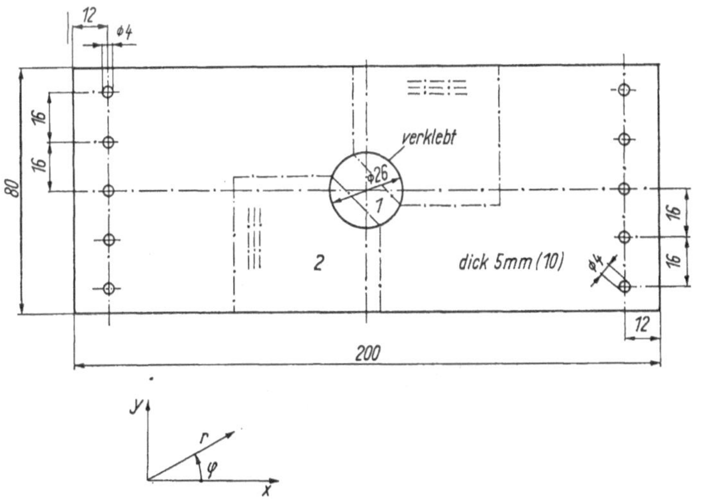

Anlage 20. Scheibenstreifen

1 – Epilox EGK 19, 2 – WT 100 [21]

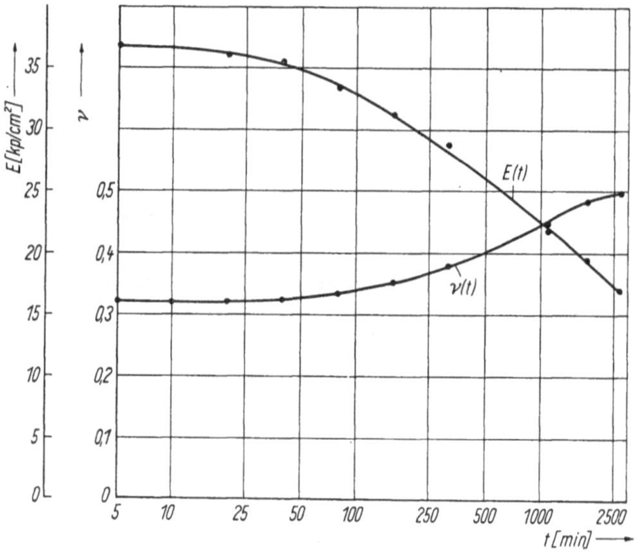

Anlage 24. Elastizitätsmodul und Querdehnungszahl von elastifiziertem Epoxidharz; $T = 22°C$

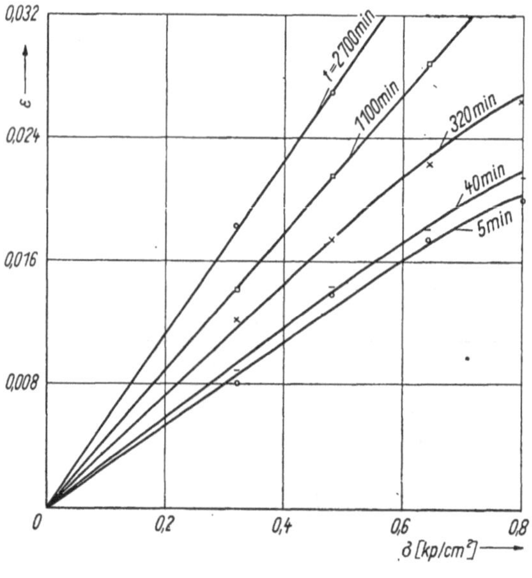

Anlage 25. Spannungs-Dehnungsverhalten von elastifiziertem Epoxidharz, ermittelt an Zugstäben unter zeitlich konstanter Belastung; $T = 22\,°C$, 100 Gewichtsteile Epilox EGK 19 mit 100 Gewichtsteilen Thioplast G 3 und 11 Teilen Härter 3

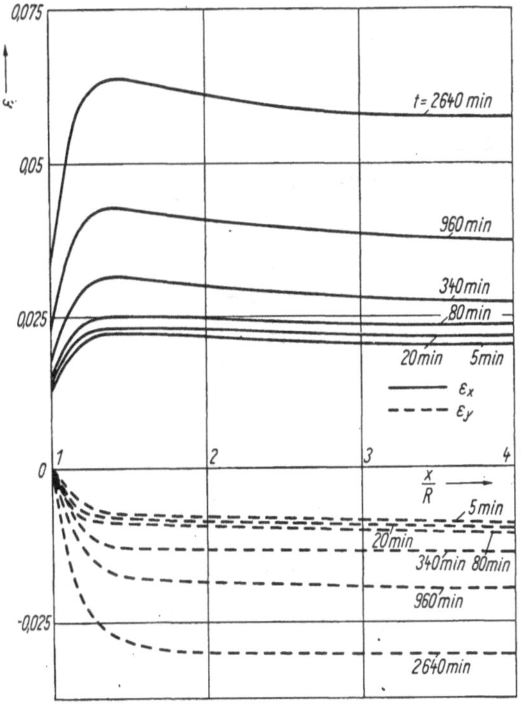

Anlage 26. Dehnungen längs der Symmetrieachse x in Zugrichtung an einem viskoelastischen Scheibenstreifen mit kreisförmigem, starrem Einschluß

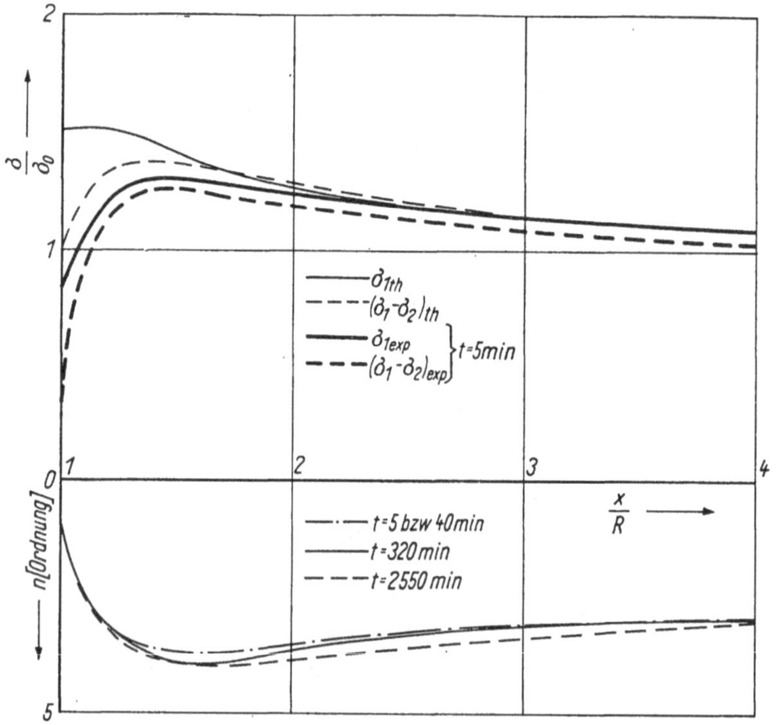

Anlage 27. Isochromaten und Spannungen längs der Symmetrieachse x in Zugrichtung an einem viskoelastischen Scheibenstreifen mit kreisförmigem, starrem Einschluß

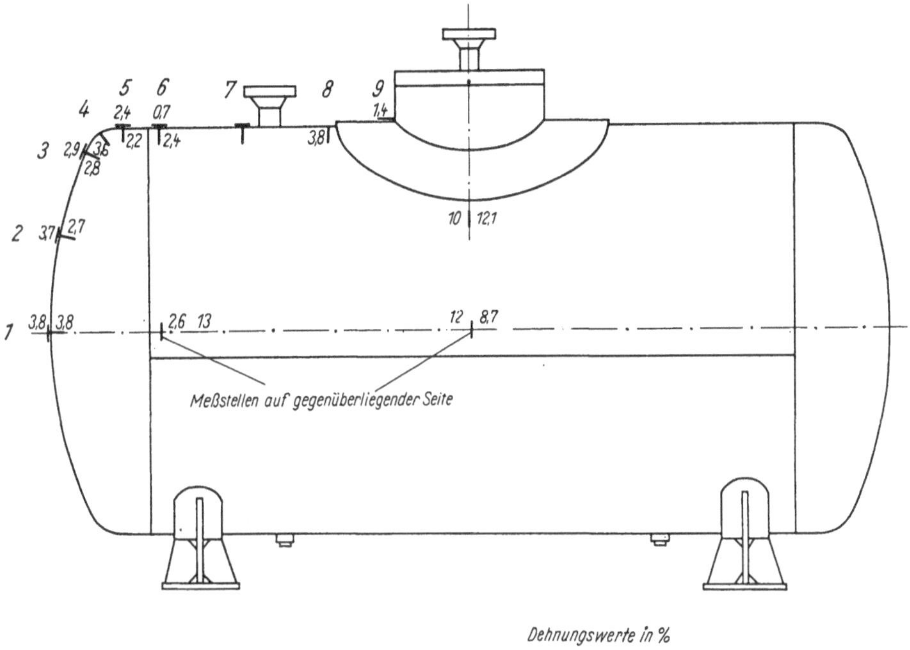

Anlage 28. Versuchsbehälter; Anordnung der Moirégeber

Spannungsoptische Untersuchung der Windversteifungswand eines 24stöckigen Hochhauses

J. Visontai

1. Einleitung

Bei der Projektierung des neuen 24stöckigen Hochhauses der Medizinischen Universität in Budapest haben sich solche Probleme ergeben, die auf theoretischem Weg nicht befriedigend geklärt werden konnten. Die größten Schwierigkeiten liegen in der Berechnung des Versteifungssystems. Der Grundriß des Gebäudes ist in Abb. 1 zu sehen. Das Hochhaus ist durch zwei Stahlbetonpfeiler mit Kastenquerschnitt gegen horizontale Kräfte ausgesteift, die zugleich auch das Haupt- und Nebentreppenhaus des Gebäudes bilden. Die Scheiben der Pfeiler sind durch verschiedene Öffnungen geschwächt — diese sind die Türöffnungen —, und die Berechnung der auf solche Weise ausgebildeten gelochten Wandscheiben ist ziemlich kompliziert und noch nicht geklärt.

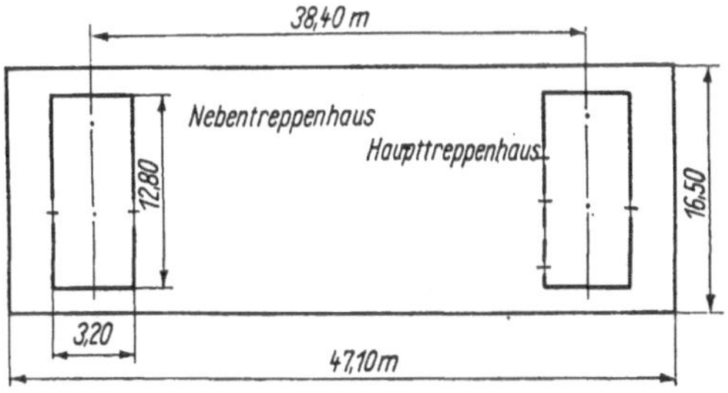

Abb. 1. Grundriß des Gebäudes

Unter solchen Umständen hielt es das die Planungsarbeit durchführende Entwurfsbüro für zweckmäßig, die Richtigkeit der Rechenmethode durch Modellversuche zu erweisen. Die Untersuchungen wurden im Laboratorium des Lehrstuhls für Stahlkonstruktionen der Technischen Universität Budapest durchgeführt. In diesem Artikel werden diese Versuche — ohne Vertiefung in die Einzelheiten der Konstruktion und der Rechenmethode — erläutert.

2. Die Modelle und die Untersuchungsmethode

Wie man in Abb. 1 vom Grundriß sehen kann, sind zwei von den vier Versteifungswänden der Stahlbetonpfeiler geometrisch gleich und die anderen zwei unterschiedlich ausgebildet, so daß es drei verschiedene Wände gibt. Die Modelle dieser Wände zeigt Abb. 2. Die Wandscheiben des Nebentreppenhauses sind durch eine Öffnungsreihe geschwächt, ebenso eine der Wandscheiben des Haupttreppenhauses. Nur die Formen der Öffnungen unterscheiden sich voneinander. Die dritte Wand, also die andere Scheibe des Haupttreppenhauses, hat eine ganz andere Ausbildung: vier Reihen von Öffnungen durchbrechen die Wand, und die Abmessungen der Öffnungsreihen sind auch nicht gleich.

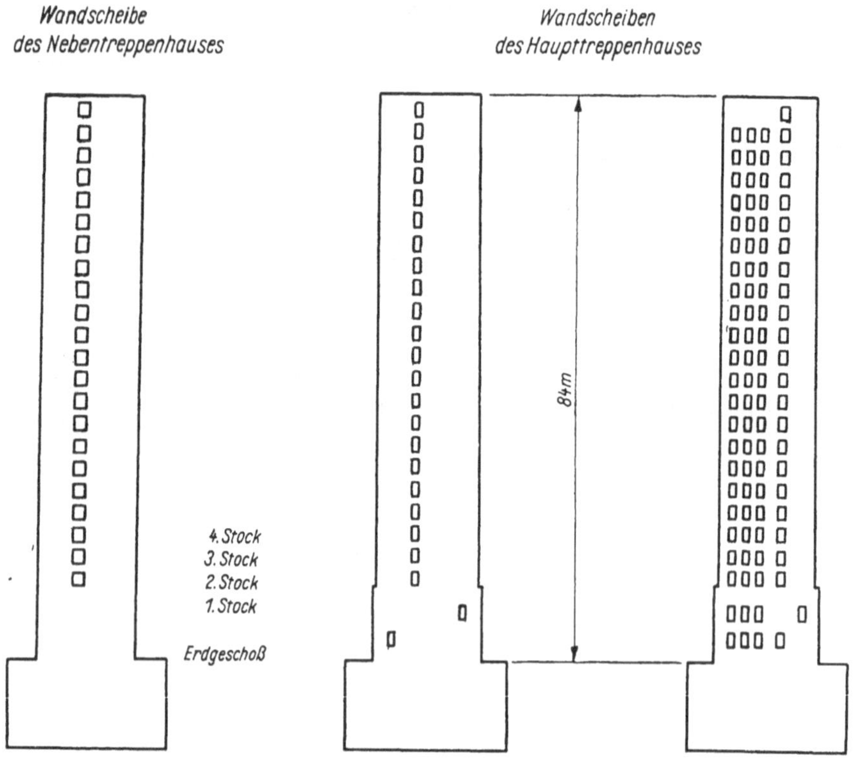

Abb. 2. Wandscheiben des Neben- und Haupttreppenhauses

Die zwei Pfeiler kastenförmigen Querschnitts tragen die auf das Gebäude wirkende Windbelastung, und zwar — näherungsweise — in Form einer gleichmäßig verteilten horizontalen Belastung. Unter dieser Belastung werden die Pfeiler torsionsfrei nur dann beansprucht, wenn die Biegesteifigkeiten ihrer Scheiben gleich sind. Bei unterschiedlich geschwächten Wänden ist das erreichbar durch eine derartige Vergrößerung der Dicke der stärker geschwächten Wand, daß ihre Durchbiegungen unter gleicher Belastung gleich sind. Die Bestimmung der in diesem Sinne erforderlichen Wanddicke wurde mit Hilfe eines mechanischen Modellversuches vorher durchgeführt.

Für die Untersuchung der Spannungsverteilung der Wandscheiben haben wir den spannungsoptischen Weg gewählt. Diese Methode ist bei der Untersuchung gelochter Scheiben weit verbreitet. Die Versuche sollten die rechnerischen Ergebnisse kontrollieren, und die Spannungsoptik ist dafür besonders geeignet.

Die Modelle wurden in einem Längenmaßstab 1:165 ausgeführt. Die Modelldicke war durch das vorliegende Modellmaterial gegeben. Das Modellmaterial war VP 1527 mit einer Dicke von 8 mm. Demzufolge weicht der Dickenmaßstab vom Längenmaßstab ab und ist infolge der verschiedenen Wanddicken auch bei jedem Modell unterschiedlich. Die Abweichung der Maßstäbe wurde bei der Auswertung der Versuchsergebnisse berücksichtigt. Um die Konstruktion als ebene Scheibe untersuchen zu können, wurden die Gurtscheiben auch in der Ebene der Stegscheiben derart abgebildet, daß das Trägheitsmoment der Stegscheiben (im weiteren: Wandscheiben) gemäß der Gurte vergrößert wurde.

Die Modelle wurden in horizontaler Lage als Konsolträger untersucht, wie es in Abb. 3 gezeigt ist. In diesem bzw. im nächsten Bild ist auch die spannungsoptische Apparatur zu sehen. Die Polarisationsfilter haben einen Durchmesser von etwa 30 cm, und die Apparatur ist mit einem Kleinpolariskop-Projektor ausgerüstet, so daß die Details des Modells vergrößert untersucht werden können (Abb. 4).

Die Belastung war — dem Winddruck entsprechend — eine gleichmäßig verteilte Last, die mit einem Hebelsystem erzeugt wurde.

Die Versuche sollten folgende Fragen klären:

a) allgemeine Charakterisierung des Spannungszustandes mittels der Hauptspannungslinien;
b) Bestimmung der Beanspruchungen in den zwischen den Öffnungen liegenden Riegeln;
c) die Biegespannungsverteilung in der ganzen Wandscheibe bzw. das Verhältnis der in den Wandelementen hervorgerufenen Biegemomente.

Im weiteren werden wir zuerst die Modellversuche der Wandscheiben mit einer Reihe von Öffnungen und später gesondert die Wandscheibe mit mehreren Reihen von Öffnungen behandeln. Es sind nämlich die Spannungszustände in den zwei vorgenannten Wandscheiben ähnlich, während der Spannungszustand bei der letzten Wandscheibe wesentlich abweicht.

3. Die Untersuchung der Wandscheibe mit einer Reihe von Öffnungen

Für die allgemeine Charakterisierung des Spannungszustandes sind die Hauptspannungslinien gut geeignet, die auf spannungsoptischem Weg mit Hilfe der Isoklinen verhältnismäßig genau bestimmt werden können. Die Kenntnis der Hauptrichtungen kennzeichnet, hauptsächlich bei den Stahlbetonkonstruktionen, die Führung der Bewehrung; also haben die Hauptspannungslinien selbst eine wichtige Bedeutung.

Einige Bilder der Isoklinen und Hauptspannungslinien der Modelle sind in den Abb. 5 bis 10 wiedergegeben. Abb. 5 zeigt die Isoklinen des Modells vom Nebentreppenhaus, Abb. 6 die vom Haupttreppenhaus. In Abb. 7 und 8 sehen wir die Hauptspannungslinien der zwei Wände. Aus dem Verlauf der

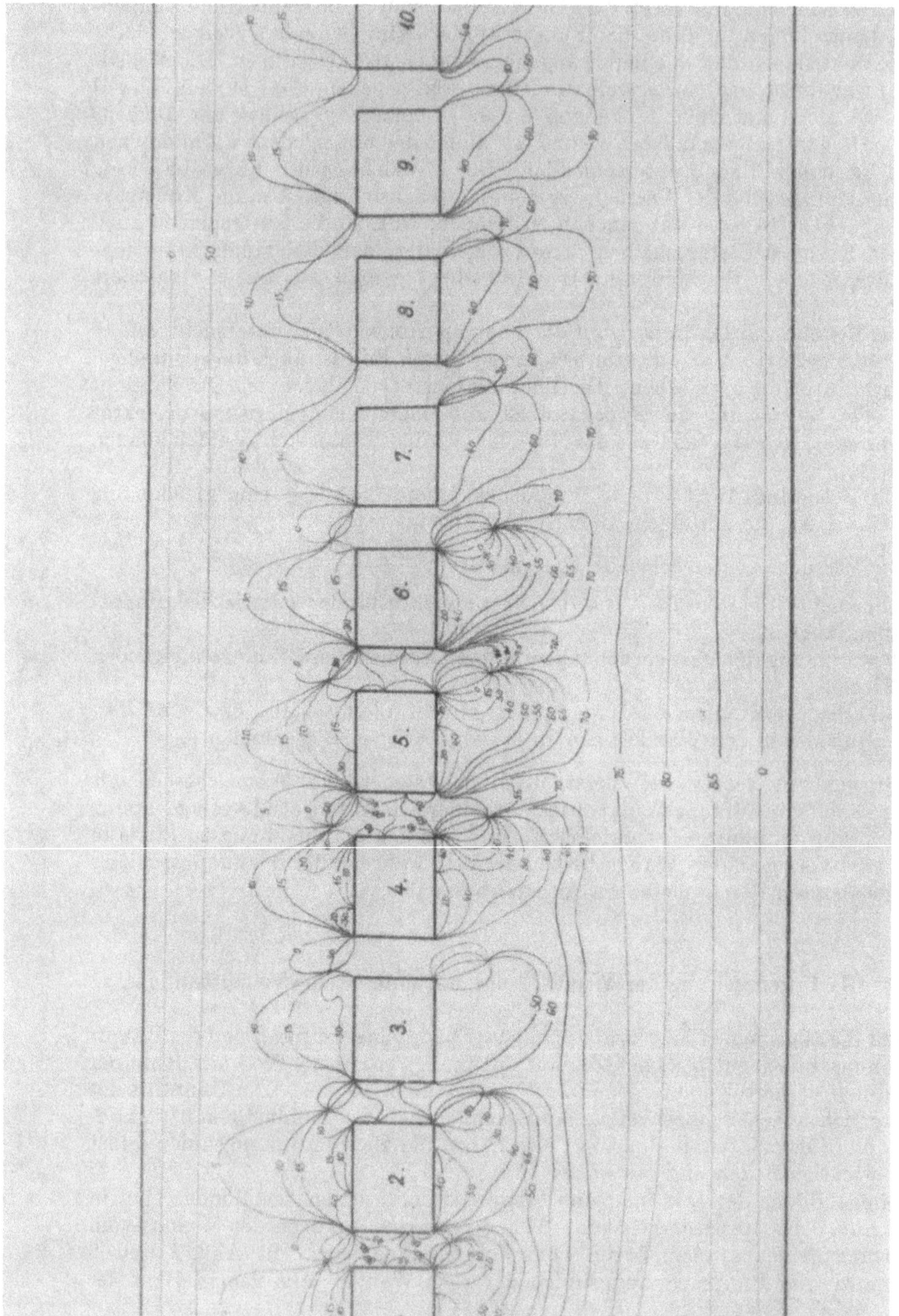

Abb. 5. Isoklinen der Wandscheibe des Nebentreppenhauses

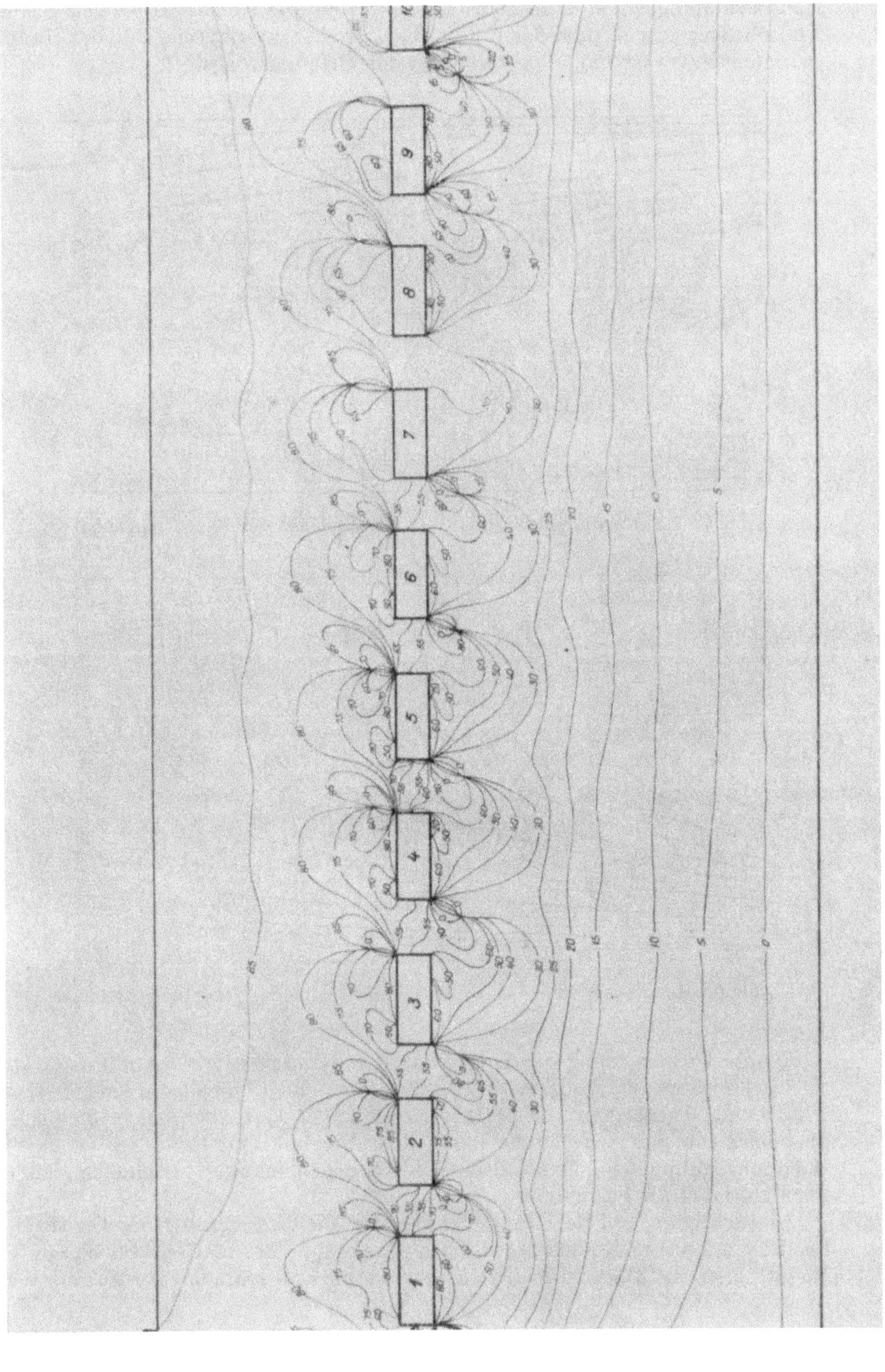

Abb. 6. Isoklinen einer Wandscheibe des Haupttreppenhauses

Hauptspannungslinien kann man feststellen, daß die Konstruktion sich wie ein Konsolträger verhält, und das für die Biegung charakteristische Bild der Hauptspannungslinien ist nur unmittelbar an den Öffnungen gestört.

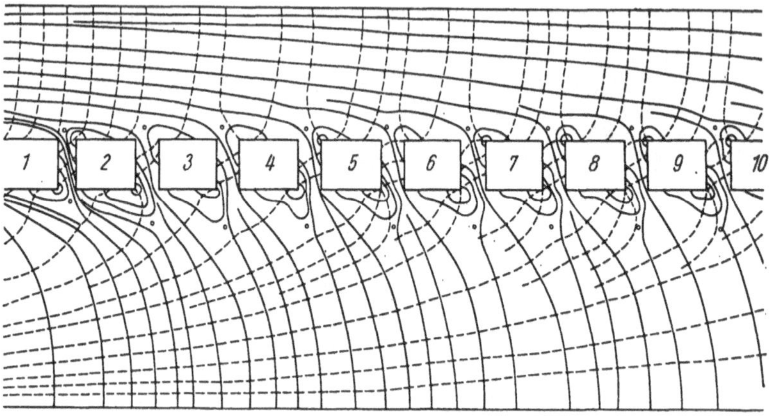

Abb. 7. Hauptspannungslinien in der Wandscheibe des Nebentreppenhauses

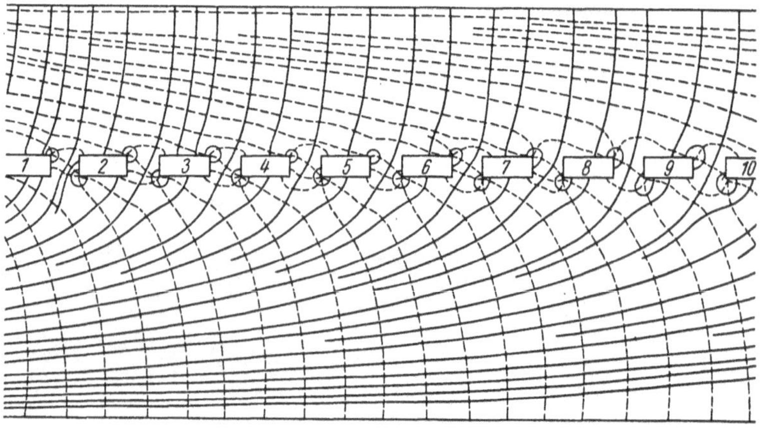

Abb. 8. Hauptspannungslinien in der Wandscheibe des Haupttreppenhauses

Für die Untersuchung der Umgebung der Öffnungen wurden mit Hilfe des Kleinpolariskops vergrößerte Aufnahmen gemacht. Von diesen sind zwei in Abb. 9 und 10 gezeichnet. Diese Bilder zeigen, daß die Riegel, welche die beiden Wandelemente verbinden, eine wesentliche Biegung und außerdem — da die Spannungsnullpunkte am Rand des Riegels gegeneinander verschoben sind — auch Normalkraft bekommen.

Der wichtigste Teil der Untersuchung war die Bestimmung der Querkräfte der Riegel, da ihre Kenntnis das ganze Kräftespiel des statisch unbestimmten Wandträgers aufklärt. Die Querkräfte waren auf spannungsoptischem Weg einfach zu ermitteln. Für die Berechnung der Schubspannungen sind nämlich alle Werte rein optisch, d. h. ohne eine Vollauswertung zu bestimmen. Die Schubspannung kann nämlich in einem beliebigen Punkt nach der bekannten Formel

$$\tau_{xy} = \frac{\sigma_1 - \sigma_2}{2} \sin 2\alpha$$

berechnet werden, wobei man $\sigma_1 - \sigma_2$ aus den Isochromaten und α aus den Isoklinen erhalten kann.

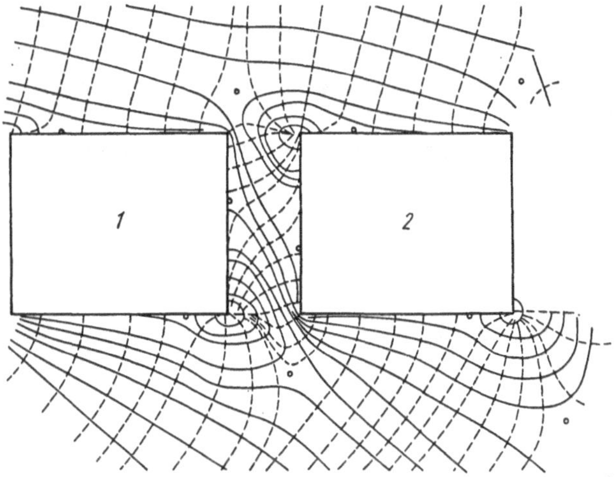

Abb. 9. Verlauf der Hauptspannungslinien in der Umgebung der Öffnungen (Nebentreppenhaus)

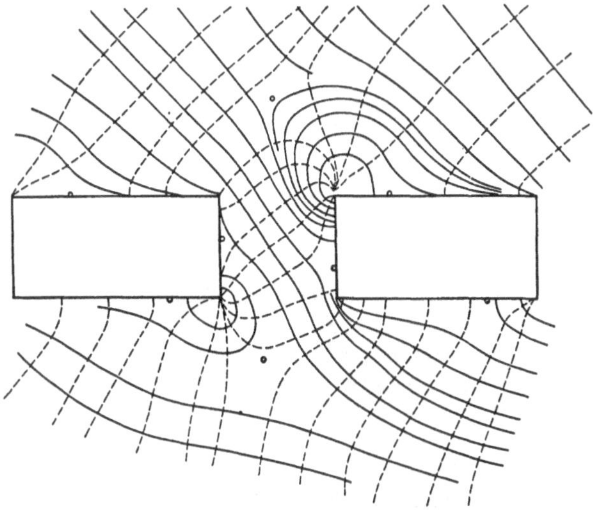

Abb. 10. Verlauf der Hauptspannungslinien in der Umgebung der Öffnungen (Haupttreppenhaus)

Die Hauptspannungsdifferenz $\sigma_1 - \sigma_2$ ist aus der Isochromatenordnung n zu bestimmen, deren Bruchteil mit Hilfe der TARDY-Kompensation gemessen wird. Die Isoklinen und Isochromaten in den Riegeln wurden aus vergrößerten Aufnahmen ausgewertet. Einige solche Aufnahmen sind in den Abb. 11 bis 14 zu sehen. Abb. 11 zeigt die Isochromaten der Wandscheibe vom Nebentreppenhaus, Abb. 12 dieselben vom anderen Modell (die Bilder sind auch charakteristisch für den Konsolträger). In Abb. 13 können wir eine vergrößerte Aufnahme von der Umgebung der Öffnungen sehen, in Abb. 14 dieselbe vom anderen Modell.

Durch Auswertung dieser Bilder wurden die Querspannungen in einem Schnitt des Riegels von Punkt zu Punkt ausgerechnet bzw. der Scherspannungsverlauf bestimmt, dessen Fläche gleich der Querkraft ist. Bestimmen wir die Werte in jedem Riegel, dann haben wir die Möglichkeit eines Vergleiches mit den berechneten Werten. Das Resultat ist in Abb. 15 zu sehen.

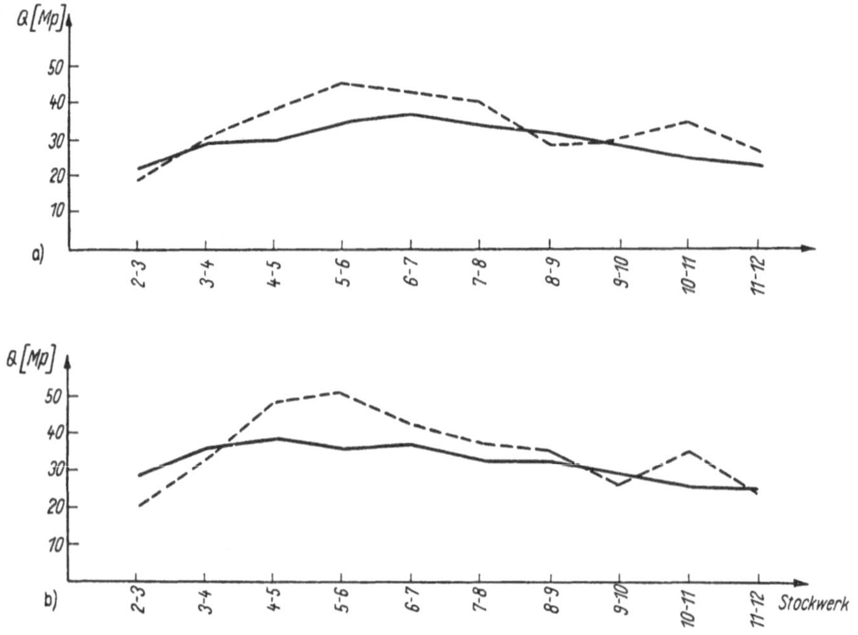

Abb. 15. Querkräfte in den Riegeln der Wand
a) des Nebentreppenhauses
b) des Haupttreppenhauses
——— Versuchsergebnisse, – – – – theoretische Werte

Daraus ist zu ersehen:

a) Hinsichtlich der Tendenz der Querkraftverteilung bestätigen die Versuche die theoretischen Ergebnisse. Auch die Größe der Querkräfte stimmt beim Modell vom Nebentreppenhaus gut überein; aber beim anderen Modell, welches sehr kurze Riegel besitzt, sind die experimentellen Werte wesentlich kleiner als die theoretischen.

b) Das Maximum der Querkräfte tritt bei beiden Modellen an einer anderen Stelle auf als bei der Berechnung.

c) In beiden Fällen nehmen die Querkräfte auf beiden Seiten des Maximums ständig ab entgegen dem theoretischen Verlauf, bei dem sich noch ein zweites Maximum ergibt.

Außer den Querkräften waren auch die in den Riegeln hervorgerufenen Biegemomente bzw. die Biegespannungen zu bestimmen. Es war nur näherungsweise möglich, aus den Randspannungen die Biegespannungsverteilung im Riegel festzustellen. Das Isochromatenbild zeigt nämlich (Abb. 13), daß die Spannungen in Querrichtung (σ_x) vernachlässigbar klein sind, d. h. aus den Isochromatenordnungen die Größen der Spannungen sich unmittelbar ergeben. Im ersten Schritt haben wir die Randspannungen und ihre Verteilung bestimmt, und nachher haben wir vorausgesetzt, daß die Verteilung der σ_y-Spannungen in einem beliebigen Querschnitt linear ist. Beim Modell des Nebentreppenhauses hat es sich ergeben (Abb. 16), daß die Verteilung der Randspannungen (σ_y) näherungsweise auch linear ist, mit Ausnahme der unmittelbaren Umgebung der Ecken der Öffnungen. Diese Verteilung charakterisiert auch die Momenten-

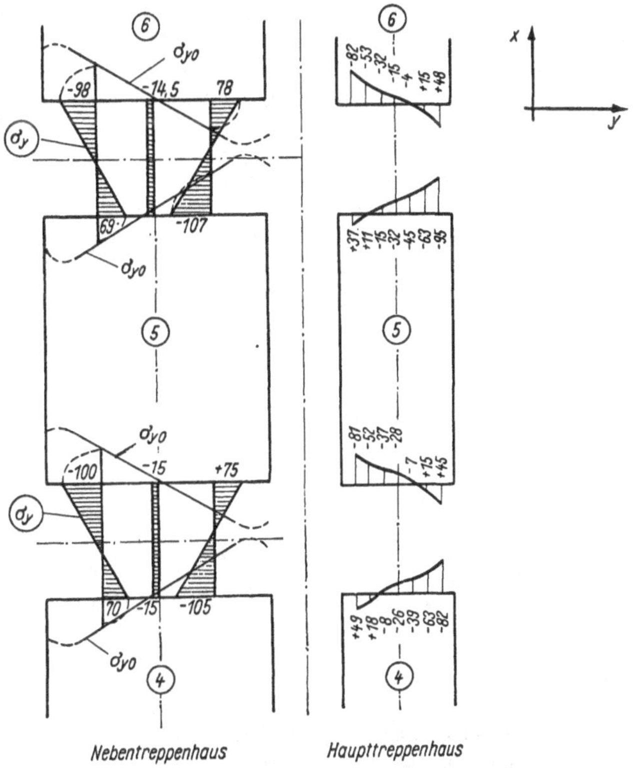

Abb. 16. Randspannungen in kp/cm² in den Riegeln

verteilung gut. Da die zwei Spannungsnullpunkte von der Mittellinie in der entgegengesetzten Richtung verschoben sind, tritt auch eine Normalkraft neben dem Biegemoment auf. Für die in Abb. 16 eingezeichneten Schnitte wurde — ausgehend von den Randwerten — die vorausgesetzte Spannungsverteilung dargestellt, woraus das im Querschnitt wirkende Moment, die Normalkraft und Querkraft bestimmt werden können. Letztere bedeutet eine Kontrolle für die schon vorher bestimmten Werte der Querkräfte.

Beim anderen Modell ist die Verteilung der Randspannungen wegen der ziemlich kurzen Riegel nicht mehr linear, wie in Abb. 16 gezeigt ist. Ohne eingehende Auswertung des Spannungszustandes können wir allein aus den Randspannungen nicht auf die Beanspruchungen schließen. Immerhin wurde festgestellt, daß die Beanspruchungen ähnlich denen vom obigen Modell sind, also wirkt außer dem Biegemoment auch eine Normalkraft. Die Größe der Randspannungen zeigt aber, daß die Biegung nicht bedeutend und die Hauptbeanspruchung Schub ist.

Die dritte Frage war die Bestimmung der in den Wandelementen wirkenden Momentenanteile. Zu diesem Zweck wurde die Spannungsverteilung in einem durch eine Öffnung führenden Querschnitt untersucht. Die Auswertung wurde auf der Voraussetzung begründet, daß die in Querrichtung wirkenden Spannungen in der Scheibe vernachlässigbar klein sind. Diese Annahme ist bei einem gewöhnlichen Balken allgemeingültig, und da der Spannungszustand unseres Modelles nach den Hauptspannungslinien und Isochromaten dem eines Balkenträgers fast gleich ist, ist die Voraussetzung auch in diesem Fall berechtigt.

Aus dem bekannten Zusammenhang ergibt sich mit $\sigma_y = 0$:

$$\sigma_x = (\sigma_1 - \sigma_2) \cos 2\alpha \, .$$

Die in Längsrichtung wirkende Biegespannung kann also aus den auf optischem Wege erhaltenen Werten unmittelbar berechnet werden. Die auf derartige Weise bestimmte Verteilung der Biegespannungen ist in Abb. 17 zu sehen. Es ist zu erkennen, daß beide Wandelemente eine exzentrische Normalkraft erhalten und die Spannungsverteilung nicht linear ist. Um die Auswertung zu vereinfachen, haben wir die nichtlineare Spannungsverteilung durch ein Polygon angenähert, wie in Abb. 17 ersichtlich ist. Weiterhin haben wir die σ_x-Fläche in eine aus dem Biegemoment entstehende Spannung σ_{xM} und in eine andere, aus der Normalkraft entstehende Spannung σ_{xN} aufgeteilt. Die Fläche σ_{xN} ergibt die Normalkraft, und aus σ_{xM} wird das Biegemoment als das Moment der Zug- und Druckkraft berechnet.

Als Kontrolle ergibt sich einerseits

$$N_1 = - N_2 = N \, ,$$

und andererseits

$$M_a = M_i = M_1 + M_2 + N \cdot k \, ,$$

(d. h., das äußere Moment ist gleich dem inneren und gleich der Summe der in den Wandelementen auftretenden Momente und des von den Normalkräften gebildeten Momentes).

Aus den Ergebnissen war festzustellen, daß das aus dem Versuch erhaltene Momentenverhältnis beim ersten Modell gut, beim anderen weniger mit den Berechnungswerten übereinstimmt.

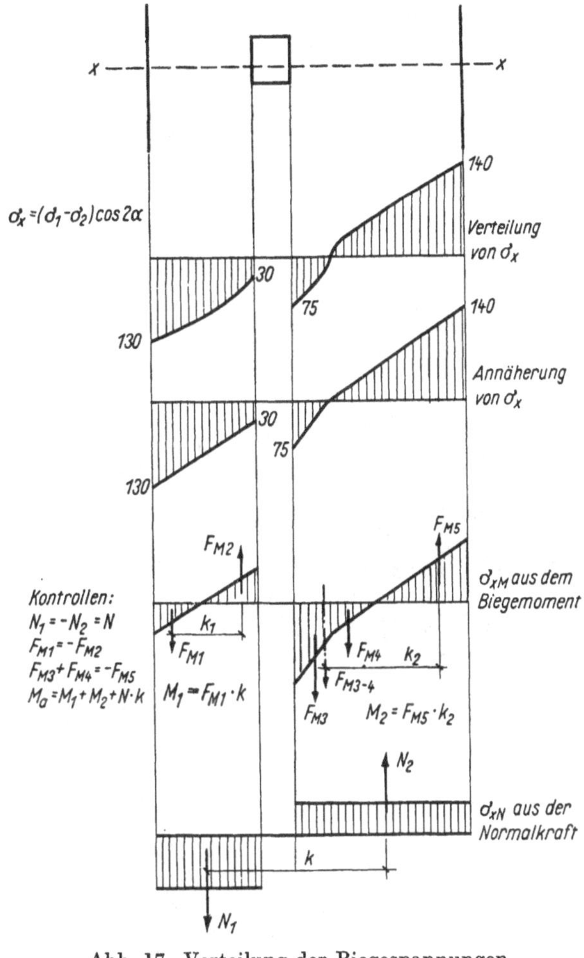

Abb. 17. Verteilung der Biegespannungen

4. Die Untersuchung der Wandscheibe mit vier Reihen von Öffnungen

Übergehend auf das Modell der Wandscheibe mit vier Reihen von Öffnungen, also die andere Scheibe des Haupttreppenhauses, ist einleitend festzustellen, daß der Spannungszustand bei dieser Wandscheibe wesentlich verwickelter ist als bei den Wandscheiben mit einer Reihe von Öffnungen; demzufolge ist die spannungsoptische Untersuchung und Auswertung viel schwieriger gewesen. Das Ziel war auch in diesem Fall, die wichtigsten und kennzeichnendsten Werte des Kräftespiels zu bestimmen, aber durchaus nicht die Vollauswertung des Spannungszustandes durchzuführen. Dazu gehören die Querkräfte in den Riegeln — wie bei den vorigen Modellen — und die Querkräfte der Stege. (Weiterhin können die zwischen den Öffnungen liegenden Scheibenteile als Stege betrachtet werden.)

Die Bestimmung der Querkräfte wurde wie bisher durchgeführt, also mittels der Isochromaten und Isoklinen bzw. aus den Schubspannungen. Abb. 18 zeigt ein Detail der Isoklinen, die an den unteren Stockwerken auftreten. Ein charakteristisches Isochromatenbild ist in Abb. 19 zu sehen. Es war nicht nötig, eine höhere Isochromatenordnung zu erzeugen, da die Schubspannungsvertei-

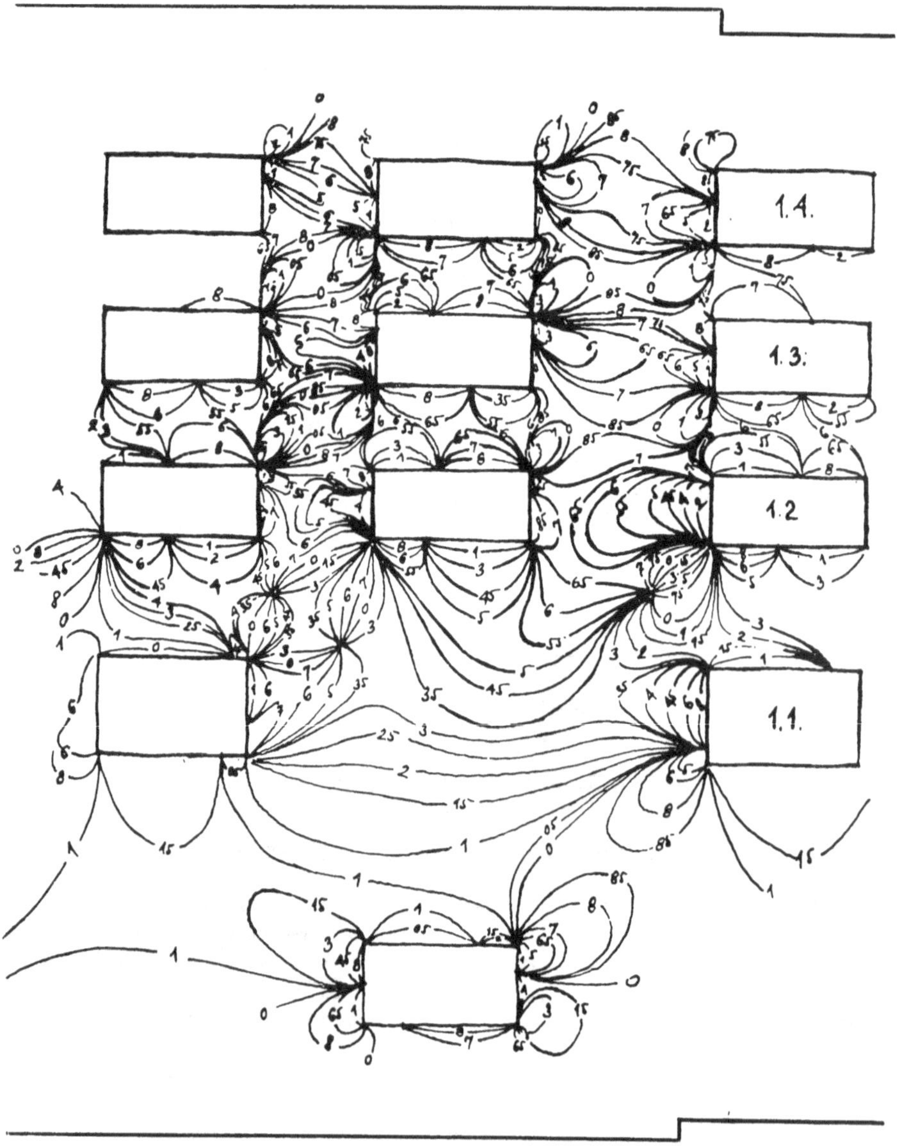

Abb. 18. Isoklinenverlauf in den unteren Stockwerken der Wandscheibe mit vier Öffnungsreihen

lung in einem Querschnitt des Riegels im allgemeinen schon im voraus bekannt und parabolisch vorausgesetzt ist. Nur die Maximalordinate der Parabel sollte also bestimmt werden, die sich vermutlich in der Mittellinie befindet. Wir haben also im Mittelpunkt die Isochromatenordnung — in diesem Fall auch mit der Tardy-Kompensationsmethode — und die Isoklinen bestimmt und daraus die Schubspannung berechnet. Die Querkräfte haben sich danach als die Fläche des Scherspannungsverlaufs ergeben.

Betrachtet man die Ergebnisse, dann ist die Verteilung der Querkräfte in Längs- und Querrichtung interessant. Abb. 20 zeigt die Verteilung in Längsrichtung für die verschiedenen Reihen der Öffnungen. In der zweiten und dritten Reihe ist eine ausgeprägte Spitze im zweiten Riegel zu bemerken, aber im vierten gibt es keine; d. h. die Querkraft vermindert sich ständig vom ersten Riegel an.

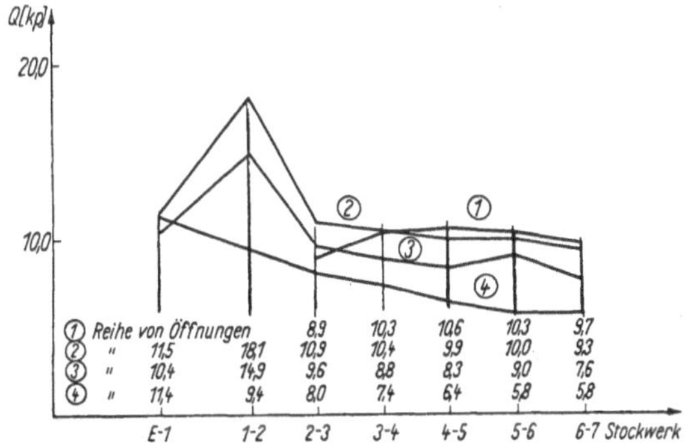

Abb. 20. Querkräfte in den Riegeln der verschiedenen Öffnungsreihen

Das Verhältnis der in nebeneinander liegenden Stegen wirkenden Querkräfte ist für jedes ausgewertete Stockwerk gleichbleibend, und daraus ist zu schließen, daß dieses konstante Verhältnis sich auch weiterhin nicht verändert.

Die andere Frage, womit wir uns beschäftigt haben, war die Momentenverteilung zwischen den verschiedenen Wandelementen bzw. Stegen. Zu diesem Zweck wurden die Biegespannungen in mehreren Schnitten der Scheibe ausgewertet. Bei der Auswertung wurde die Voraussetzung vernachlässigbar kleiner Querspannungen wieder angenommen. Es ist aber zu bemerken, daß diese Voraussetzung in diesem Fall eine grobe Näherung bedeutet; aber die Berücksichtigung der Querspannungen hätte wegen des komplizierten Isochromatenbildes, des verhältnismäßig großen Randeffektes und der anderen Ungewißheiten der Auswertung kein verläßliches Ergebnis gebracht.

Die Verteilung der Biegespannungen σ_x in einem aufgenommenen Querschnitt zeigt Abb. 21. Es ist zu sehen, daß der Verlauf der Spannungen im allgemeinen nicht linear ist, aber man kann in mittleren Stegen durch Geraden den Verlauf gut ersetzen. Um die Auswertung zu erleichtern, haben wir den Verlauf auch in äußeren Stegen durch Polygonzüge ersetzt und ihn wie im Bild dargestellt angenommen.

Weiterhin wurde die Bestimmung der Beanspruchungen wie schon oben erwähnt durchgeführt, d. h. von den in zwei Teile aufgeteilten Spannungsflächen

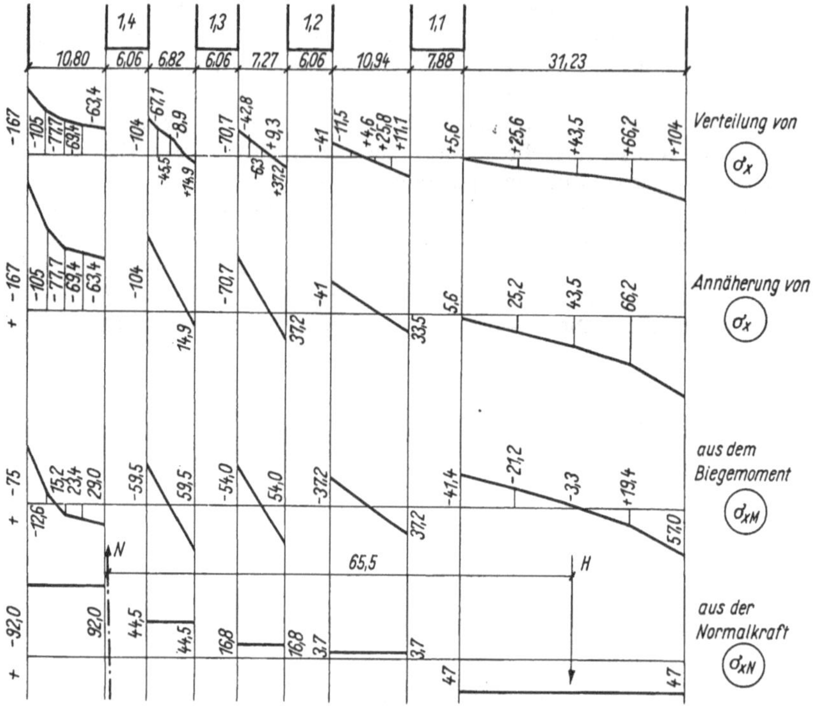

Abb. 21. Verteilung der Biegespannungen über den Querschnitt der Wand

konnten die in den Stegen wirkenden Biegemomente und Normalkräfte ausgerechnet werden.

Die Modelluntersuchung hat gezeigt, daß das äußere Moment größtenteils durch die zwei äußeren Stege in Form von Druck- und Zugkraft aufgenommen wird, und die mittleren Stege bekommen nur sehr kleine Beanspruchungen bzw. Momente.

5. Schlußbemerkungen

Wir hatten nicht die Absicht, eine vollständige Analyse mit den Modellversuchen zu erreichen. Die spannungsoptische Untersuchung diente einerseits zur Kontrolle der vorher ausgearbeiteten Berechnungen, andererseits — hauptsächlich bei der Wandscheibe mit vier Reihen von Öffnungen — zur Lieferung einiger wichtiger Daten über die Beanspruchungen für die Konstrukteure. Dieses Beispiel demonstriert wohl, daß die Spannungsoptik eine wichtige Rolle in der Planungsarbeit spielen kann und als Hilfsmittel der Konstrukteure häufig vorteilhaft ist. Auch in diesem Fall konnten die Konstrukteure durch die Versuche in den Besitz wertvoller Daten gelangen.

Dipl.-Ing. JÓZSEF VISONTAI,
Technische Universität Budapest,
Lehrstuhl für Stahlkonstruktionen

Abb. 3. Das Wandscheibenmodell in der Belastungsanordnung

Abb. 4. Spannungsoptische Apparatur und Projektionseinrichtung

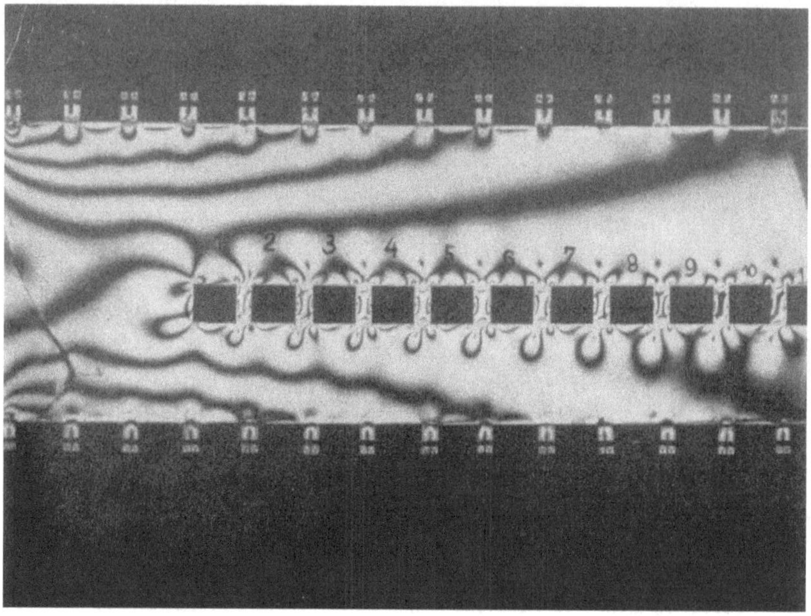

Abb. 11. Isochromatenaufnahme, Wandscheibe des Nebentreppenhauses

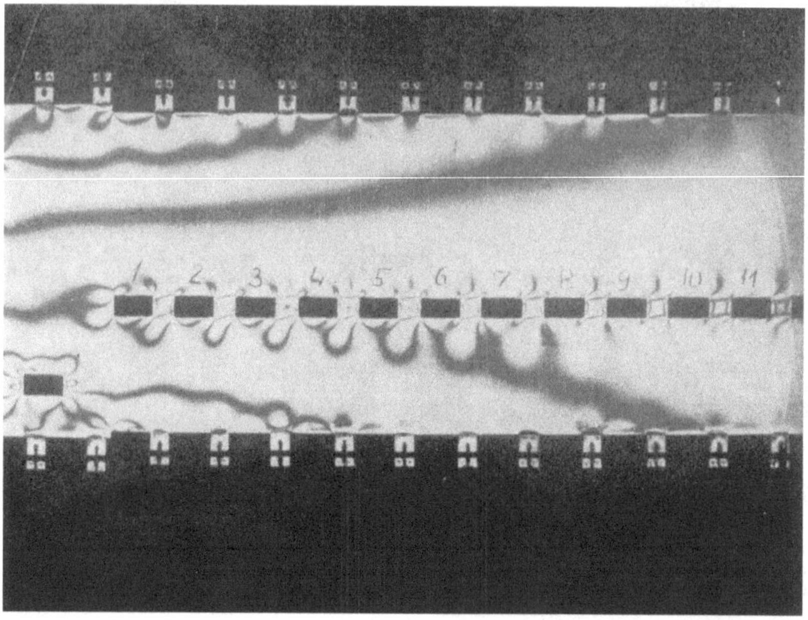

Abb. 12. Isochromatenaufnahme, Wandscheibe des Haupttreppenhauses

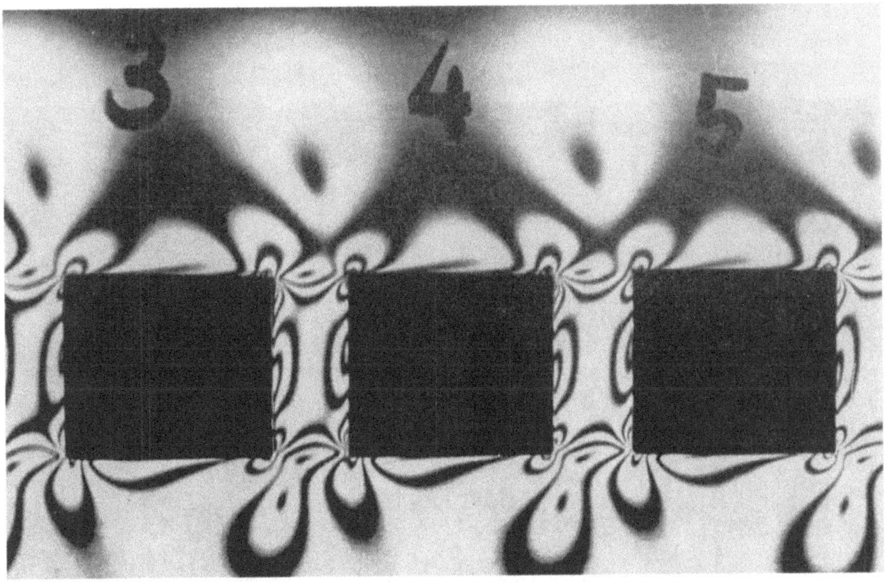

Abb. 13. Isochromatenverlauf in der Umgebung der Öffnungen (Nebentreppenhaus)

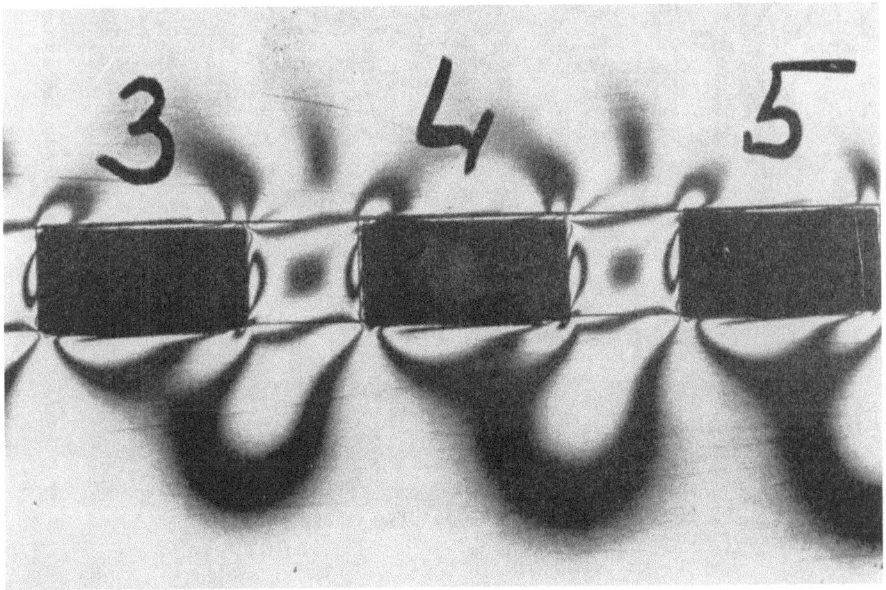

Abb. 14. Isochromatenverlauf in der Umgebung der Öffnungen (Haupttreppenhaus)

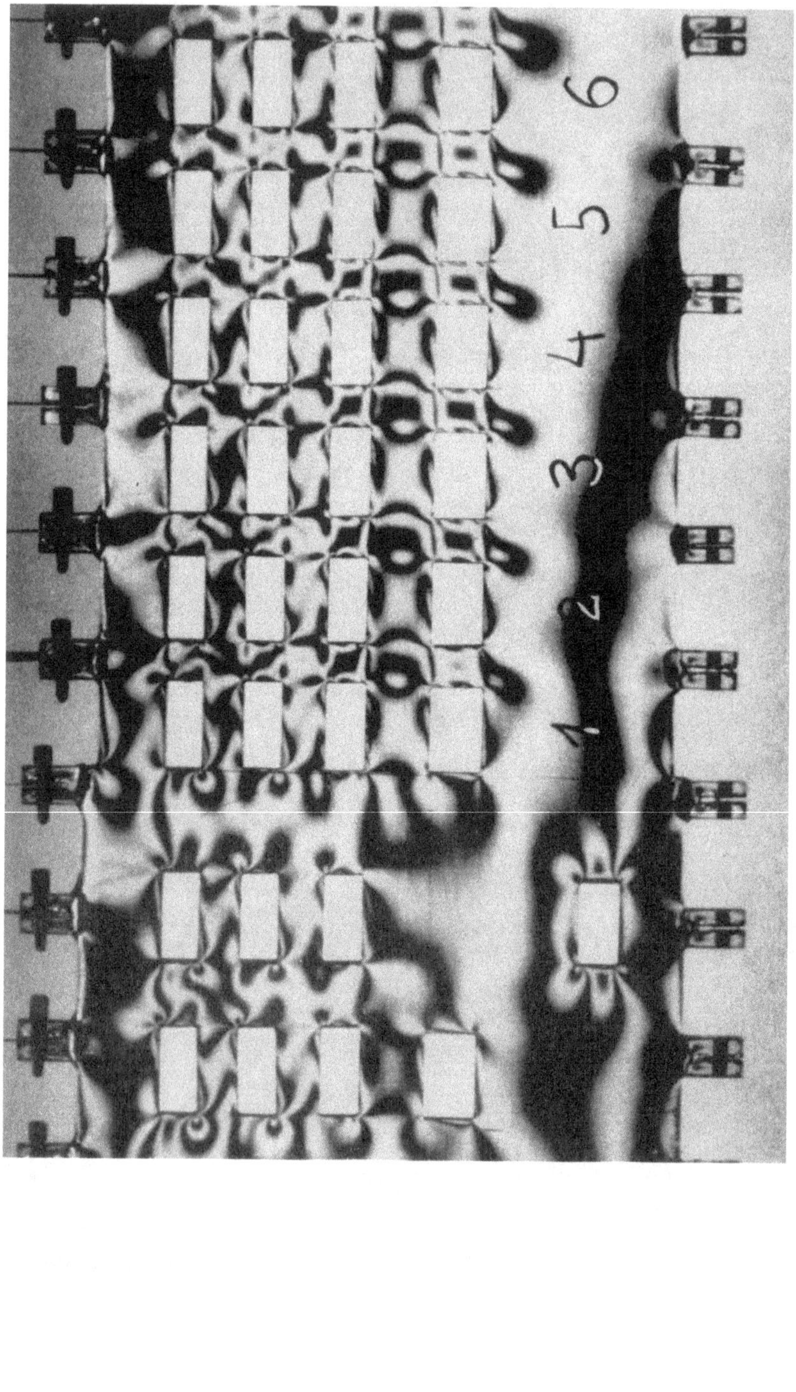

Abb. 19. Isochromatenaufnahme der Wandscheibe mit vier Öffnungsreihen

FSC
www.fsc.org
MIX
Papier | Fördert gute Waldnutzung
FSC® C083411

Kolibri 360 GmbH
Ferdinand-Jühlke-Straße 7
99095 Erfurt, Deutschland
produktsicherheit@kolibri360.de